JAXAの研究開発と評価

研究開発のアカウンタビリティ

張替 正敏
山谷 清志

南島 和久 編

晃洋書房

はじめに

本書は、国立研究開発法人宇宙航空研究開発機構、通称「ＪＡＸＡ」の「研究開発」と「評価」に関する対談を収録したものです。本書の主人公は、張替正敏ＪＡＸＡ研究開発部門研究戦略部長兼研究推進部長（当時）と山谷清志同志社大学教授・日本評価学会会長のおふたりです。

最初にＪＡＸＡについて触れましょう。ＪＡＸＡは二〇〇三年一〇月に、宇宙科学研究所（ＩＳＡＳ）、航空宇宙技術研究所（ＮＡＬ）、宇宙開発事業団（ＮＡＳＤＡ）の宇宙三機関が統合してできた組織です。さらに、研究開発を強力に推進するために「国立研究開発法人」となったのが二〇一五年四月のことでした。「国立研究開発法人」は日本全体の「研究開発成果の最大化」をミッションとしています。ＪＡＸＡは、独立行政法人通則法と国立研究開発法人宇宙航空研究開発機構法を根拠法としています。

さて、「研究開発成果の最大化」をどうやって確認するのでしょうか。これを担うのが「評価」です。ですが、「評価」をしっかりやろうとすると、「研究開発」のための時間がなくなってしまいます。どちらを優先するべきなのかといえば、もちろん「研究開発」が優先されなければなりません。しかし、「評価」をおろそかにしていると、予算等への悪い影響が生じてしまい、「研究開発」の推進にも支障がでてしまいます。

この「研究開発」と「評価」をめぐる問題は、あらゆる国立研究開発法人や国立大学法人などが直面しているものです。さらにいえば、「研究開発」を推進していくためには、「評価」とうまくつきあっていかなければなりません。それができなければ、「評価疲れ」にいつまでも悩んでしまうことになります。

本書は、国立研究開発法人、国立大学法人をはじめ、「研究開発」と「評価」に悩むみなさんのための参考になることをめざしています。また、「評価」とのつきあい方に悩む多くの方々への処方箋としてもご活用いただきたいと考えています。さらに、「評価」に関する書籍は難解なものが多いのですが、「はやぶさ２」も帰ってこようとしているなかの明るい話題のなかで、ＪＡＸＡとともに「研究開発」と「評価」を身近に感じていただければと考えて制作いたしました。

本書は、二〇一九年一〇月二四日に同志社大学政策学部において行われた張替正敏氏と山谷清志氏の対談を基礎とし、加筆・編集したものです。また、本書に用語説明やコラムを寄せていただいたみなさんは、日本学術振興会の科学研究費補助金の助成を受けた研究プロジェクト、「国立研究開発法人における組織マネジメントと評価のあり方に関する研究」にご参集・ご協力いただいた方々です。同プロジェクトの研究代表者として、心より感謝を申し上げます。

本書の制作にあたっては、ＪＡＸＡの関係者のみなさん、本プロジェクトのヒアリングにご協力いただいたみなさんにも御礼を申し上げなければなりません。また、ブックレットの刊行にご協力をいただきました株式会社晃洋書房の丸井清泰氏および徳重伸氏にも厚く御礼を申し上げます。

壮大な宇宙における、とても小さな評価のお話ではありますが、気軽に楽しくお付き合いいただけましたら幸いです。

二〇二〇年九月

プロジェクトを代表して

南島和久

もくじ

国立研究開発法人宇宙航空研究開発機構の基本情報

略　　称	JAXA
本社所在地	東京都調布
事 業 所	東京事務所，相模原キャンパス，筑波宇宙センター，鹿児島宇宙センター，角田宇宙センター他
根 拠 法	国立研究開発法人宇宙航空研究開発機構法（平成14年法律第161号）
主務大臣	内閣総理大臣，総務大臣，文部科学大臣，経済産業大臣
設立年月日	2003（平成15）年10月1日
資 本 金	5,442億円
職 員 数	1,547名（2019年12月現在）
運営費交付金	1,184億4,700万円（令和2年度）
予算規模	1,891億4,700万円（令和2年度）
役　　員	【理事長】（定数1・任期7年）山川宏，【副理事長】（定数1・任期2年）佐野久，【理事】（定数7・任期2年）布野泰広，寺田弘慈，佐々木宏，國中均，張替正敏，石井康夫，大山真未，【監事】（定数2・任期令和6年の財務諸表承認日まで）三宅正純（常勤），小林洋子（非常勤）（令和2年8月末日現在）
経営理念	宇宙と空を活かし，安全で豊かな社会を実現します 私たちは，先導的な技術開発を行い，幅広い英知と共に生み出した成果を，人類社会に展開します．

（出典）JAXA（https://www.jaxa.jp/index_j.html　2020年8月26日閲覧），行政管理研究センター『独立行政法人・特殊法人総覧』（令和元年度版），81-84頁；付録 CD-ROM.

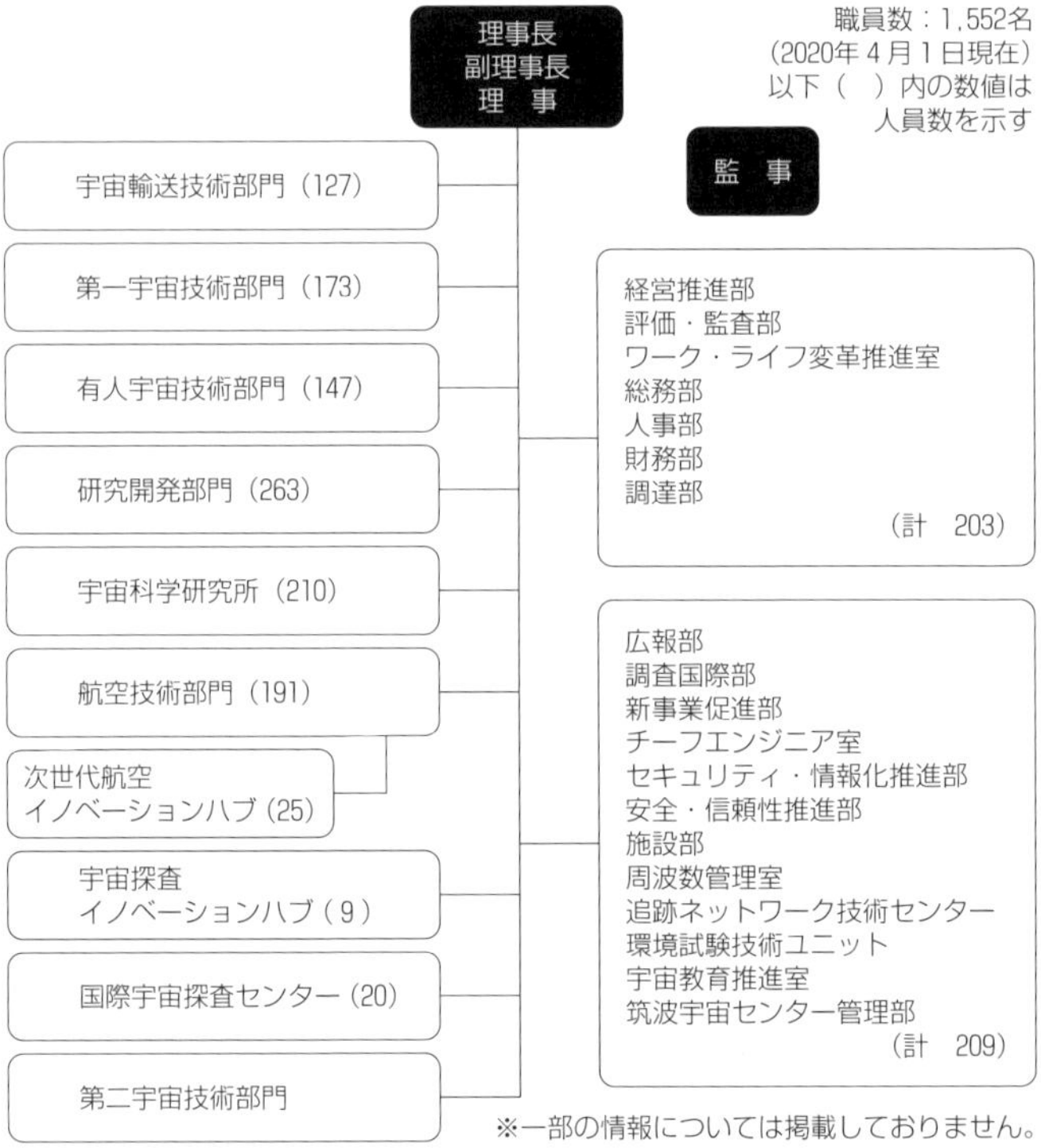

※一部の情報については掲載しておりません。

JAXA の組織体制の概念図

（出典）JAXA（https://www.jaxa.jp/about/org/index_j.html　2020年8月26日閲覧）.

本書に登場するJAXAと行政改革の年表

1995（平成７）年７月	科学技術基本法（平成７年法律第130号）
1996（平成８）年７月	第１期科学技術基本計画を閣議決定
10月	行政改革会議設置
1997（平成９）年12月	行政改革会議「最終報告」
1998（平成10）年６月	中央省庁等改革基本法（平成10年法律第103号）
1999（平成11）年７月	中央省庁等改革関連17法案の一部として，独立行政法人通則法（平成11年法律第103号）を制定
2001（平成13）年１月	中央省庁等改革，省庁再編 文部省と科学技術庁を統合し，文部科学省を設置 重要政策会議の１つとして総合科学技術会議（CSTP）を設置
３月	第２期科学技術基本計画を閣議決定
11月	最初の「国の研究開発評価に関する大綱的指針」を内閣総理大臣決定
2002（平成14）年12月	独立行政法人宇宙航空研究開発機構法（平成14年法律第161号）
2003（平成15）年10月	宇宙科学研究所，航空宇宙技術研究所，宇宙開発事業団の３機関統合 独立行政法人宇宙航空研究開発機構（JAXA）発足 JAXA第１期中期目標期間開始（総務省，文科省，国交省）
2006（平成18）年３月	第３期科学技術基本計画を閣議決定
2008（平成20）年４月	JAXA第２期中期目標期間開始（総務省，文科省）
５月	宇宙基本法（平成20年法律第43号） 研究開発力強化法（平成20年法律第63号）
2009（平成21）年６月	宇宙開発戦略本部，最初の宇宙基本計画を決定
2011（平成23）年８月	第４期科学技術基本計画を閣議決定
2013（平成25）年４月	JAXA第３期中期目標期間開始（内閣府，総務省，文科省，経産省）
2014（平成26）年５月	CSTPを総合科学技術・イノベーション会議（CSTI）に改称 独立行政法人通則法改正，国立研究開発法人制度の創設
６月	国立研究開発法人宇宙航空研究開発機構法へ改正
2015（平成27）年４月	JAXA，国立研究開発法人へ移行
2016（平成28）年１月	第５期科学技術基本計画を閣議決定
５月	特定国立研究開発法人による研究開発等の促進に関する特別措置法（平成28年法律第43号）
2018（平成30）年４月	JAXA第４期中期目標期間開始（内閣府，総務省，文科省，経産省）
12月	科学技術・イノベーション創出の活性化に関する法律（研究開発力強化法の改正法）
2020（令和２）年６月	「科学技術基本法等の一部を改正する法律（令和２年法律第63号） 法律の題名（科学技術基本法）を「科学技術・イノベーション基本法」へ変更（「（人文科学のみに係るものを除く.）」の削除）

（出典）編者作成.

ＪＡＸＡの研究開発と評価

張替　正敏（ＪＡＸＡ研究開発部門研究戦略部長兼研究推進部長（対談当時））
山谷　清志（同志社大学教授　日本評価学会会長）

〔山谷〕――今回はＪＡＸＡの研究開発部門研究戦略部長兼研究推進部長の張替正敏様においでいただきました。ＪＡＸＡにおける評価の体制について、それを評価の理論と実践を研究してきた私どもの視点でみたらどのように理解できるのか、お話を伺い、また議論してみたいと思います。

張替部長にお話しいただく前に、日本の評価研究の歴史と実践の姿を聴衆のみなさんにご理解いただかなければなりません。「評価」を対象とする学会である日本評価学会は、二〇〇〇年に設立されました。発足当初、私たちは研究者と実務家との協働、つまりコラボレーションの場を考えていました。それから二〇年、「評価」は世の中を改革するためのツールだと考え、正しい評価スキルの普及と啓蒙に努めてきました。政策評価、外交政策評価、独立行政法人評価、自治体の行政評価、政府開発援助（ＯＤＡ）の評価、男女共同参画政策評価、自治体病院の外部評価などなど、実にさまざまな評価に関わってきたのです。

こうして申し上げると多様な分野、あれもこれも雑多な何でもありのように見えますが、実は一貫しています。共通核になるのは、「評価」です。

「評価」は専門家が情報を整理し、分析し、一般市民にわかりやすく伝えるアカウンタビリティのツールとして使われてきました。専門家と政府、政府と市民、専門家と市民の間に「評価」は介在し、それぞれが互いに信頼を築く手段だと私たちは考えており、それは国際的に認められている理念なのです。

しかし、この理念、日本ではうまくいっていない。たくさんの「評価」があるけれども、普通の市民はそれに気づいていない。また、多くの現場では過重な作業負担がのしかかり、本来業務を犠牲にしてまで、「評価」の作業をしなければならない。そんな苦しい声を聞きます。ここにいらっしゃるJAXAの研究者の宮崎英治さんや柳瀬恵一さんも、同じ苦しみを共有されていました。

そのおふたりが日本評価学会のホームページをご覧になったのは、誠に幸運でした。私たちと一緒に苦しさと悩みを共有し、この「評価」の問題を考えましょう、こうなったわけです。それから三年、JAXA内部の評価や監査に関わる方々も交え、「評価」の研究を続けてきたのです。

私どもが関心を持っているのは、JAXAとその関係機関で重畳的に重なっている「評価」とその運用の実情です。政府の重要な政策である科学技術基本計画の評

アカウンタビリティ　アカウンタビリティとは、なぜそれをやるのか、どうしてそうなったのかを説明しなければいけない責務(obligation)。その責務を果たすため、さまざまな方法で説明(account)できる能力(ability)。狭い意味では、説明責任を指す。税金が投入される国の事業である宇宙開発が適切に行われているかどうかを、納税者である一般市民に適切に説明する責任があるということである(→コラム21)。

価、独立行政法人から国立研究開発法人に変わったＪＡＸＡの法人評価、ＪＡＸＡ内で行われている研究や開発プロジェクトの評価、ＪＡＸＡを共同で所管する四府省（すなわち内閣府、文部科学省、経済産業省、そして総務省）の政策評価とこれらの実情です。おそらく相当大変な「評価」の業務があり、その業務にＪＡＸＡ内部のみなさんは、「道しるべ」もなく対応されているはずだという見立てが、私にはありました。

そこで、「研究開発」と「評価」との課題解決の処方箋を考えるにあたり、ＪＡＸＡのキーパーソンが「評価」にどんなイメージを抱かれ、実際に活用され、そしてＪＡＸＡの本業にどうやって活かそうと考えられているのか、このお話をぜひ伺いたいということになり、本日、張替部長におでましいただきました。

さて、前置きが長くなりました。そろそろ張替部長にお話を聞いた方がよろしいと思います。早速、自己紹介から、よろしくお願いいたします。

Column 1　JAXAの成り立ちと歴史

国立研究開発法人宇宙航空研究開発機構 JAXA（Japan Aerospace Exploration Agency，読み方は「ジャクサ」）は2003年10月に誕生しました．それ以前，日本には航空宇宙に関する組織が3つありました．

最も歴史が長いのは「航空宇宙技術研究所」（初期は航空技術研究所）です．1955年に日本における航空機研究の拠点として設立され，当初は国産初の旅客機 YS-11の開発を技術的に支援し，その後は航空機だけでなく，ロケットをはじめとする宇宙輸送システムとそれに関する地上試験設備の研究開発を行いました．

航空宇宙技術研究所ができた同じ年，東京大学生産技術研究所の糸川博士が，東京都国分寺でペンシルロケットの発射実験を行いました．その9年後の1964年，東京大学の付属研究所として設置されたのが，2つめの「宇宙科学研究所」（初期は宇宙航空研究所）です．宇宙科学研究所は日本初の人工衛星「おおすみ」を打ち上げると共に，宇宙望遠鏡や探査機を開発し，宇宙科学の発展に大きく貢献しました．

そして，3つめが1969年に設立された「宇宙開発事業団」です．宇宙開発事業団は宇宙の利用促進に重点をおいた機関で，気象衛星「ひまわり」をはじめとする各種の利用衛星や大型ロケットの開発，そして有人宇宙開発を担いました．

これら3つの組織を統合したJAXAは，日本の航空宇宙の総力を結集した機関と言えるでしょう．近年の世界的な宇宙分野への関心の高まりもあり，JAXAは大きな期待に応えなければなりません．

（柳瀬　恵一）

❖ 専門分野としての航法・誘導制御

〔張替〕――今、ご紹介にあずかりましたＪＡＸＡの張替と申します。自己紹介ということで、時系列でまとめてみました。

名前は張替正敏と申します。めずらしい名字です。出身は奈良県ですが、「張替」という姓は関西にはほとんどなく、茨城県に局所的に集まっております。私の祖父が茨城県出身で、どういうわけか孫の私が、茨城県つくば市にあるＪＡＸＡの筑波宇宙センターに勤務をしております。奈良から茨城に戻って来たのも何かの縁かなと思っています。

私は大学から東京に来まして、航空学を専攻し、そこで宇宙機もやっていました。専門は「航法・誘導制御」です。

「航法」というとわかりにくいのですが、みなさんは自動車のカー・ナビゲーションはご存じだと思います。「ナビゲーション」を日本語に訳すと「航法」になります。

「誘導制御」は、例えばロボットを行かせたいところに歩いて行かせるため、経路を定めたり、手足を動かしたりするための技術です。そのアルゴリズムは数学で書かれています。学生時代はそういうことをやっていました。

技術試験衛星　先端的な人工衛星の技術を獲得するために開発される試験的な衛星のこと。旧ＮＡＳＤＡおよびＪＡＸＡでは慣習として「きく」という愛称が与えられている。

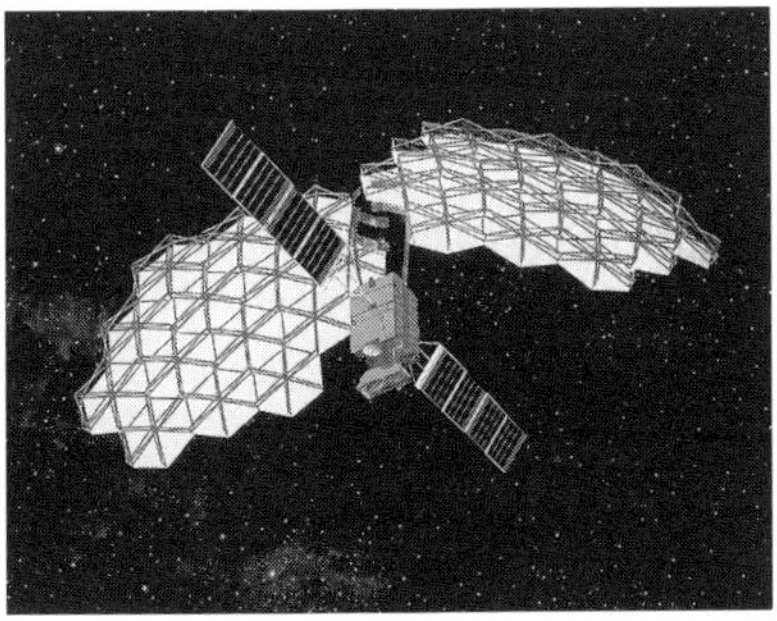
イラストはきく8号

（C）ＪＡＸＡ

山谷 清志 氏

社会人になったのが一九八七年で、今年で六〇歳になるので、ほぼキャリアの終わりに近づいたなというところです。

最初の就職先は東芝で、宇宙機の設計をやっていました。そこでは、「技術試験衛星」と呼ばれる衛星をつくっていました。いわゆる衛星技術を開発するための衛星です。ちょうど六号機と七号機をやっていました。六号機では制御系を担当し、七号機では航法系を担当していました。

❖ 技術試験衛星

六号機はどんな機体かというと「通信衛星」です。衛星を静止軌道までもっていって、大きなアンテナを日本に向け、日本の基地局から衛星に向けて放射した電波を受けて、別の基地局にまた降ろしていくものです。この衛星では、「姿勢制御」がとても大事です。それはアンテナを日本にきちんと向けなければならないからです。

その次の七号機も結構チャレンジングな衛星でした。これには、「親衛星」と「子

通信衛星　電波を用いて地上と宇宙または宇宙と宇宙の無線通信を行うための人工衛星のこと。テレビ放送、携帯電話、インターネット通信、衛星間通信など、様々な目的の通信衛星が運用されている。

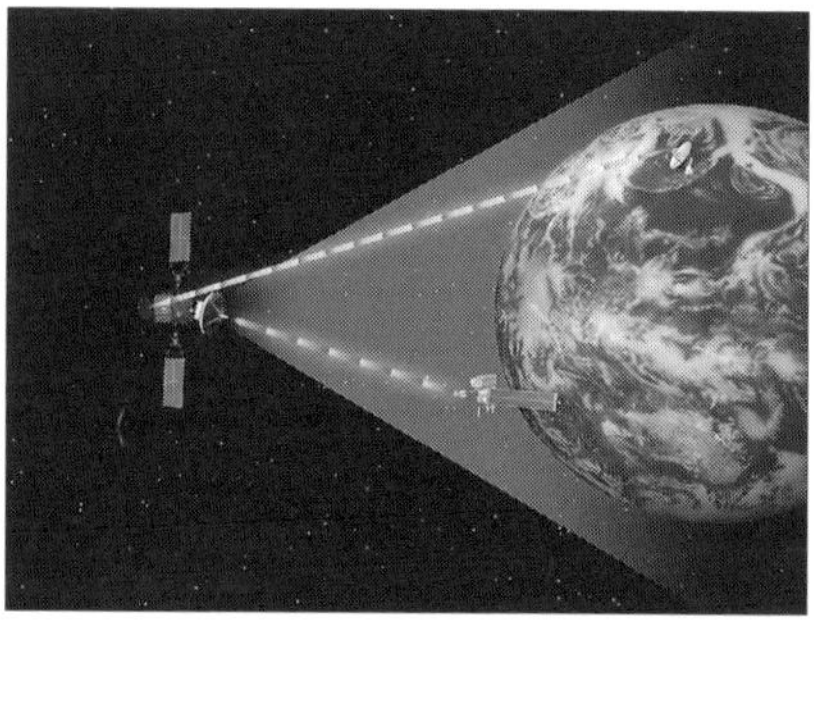

（C）JAXA

衛星」というのがありました。打ち上げた後に、「親」と「子」が別れるのですね。別れて、それがまた近づいて、ちゃんとドッキングさせるという、そういう技術をつくろうという衛星でした。

七号機にはなかなかいい名前がついておりまして、「おりひめ」と「ひこぼし」といいます。親衛星が「ひこぼし」、子衛星が「おりひめ」だったかなと思います。これが搭載機器の不具合で、別れたはいいが、なかなか出会わない。「生き別れになるか」という危機が何度もありました。「また失敗」と当時の新聞には書かれてしまいました。

張替 正敏 氏

ドッキングをするとき、失敗してもメチャクチャな壊れ方をしないように、「ぶつかりそうになったら逃げていく」ということをやるのです。「バン」と逃げると逃げていった先がわからない、相手がどこにいるのかわからない、という状態になります。そこからまた近づいてこないといけないのですけれども、行った先の位置を調べる「航法系」を担当していたのです。

具体的には、相手と自分との位置関係を測

おりひめ、ひこぼし（技術試験衛星Ⅶ型）
愛称は「きく七号」という。自動操縦によるランデブー・ドッキング技術と、宇宙用ロボット技術の獲得を目的に開発された試験衛星である。一九九七年に打ち上げられ、当時としては世界最高水準の技術を誇った。この時に獲得した技術が国際宇宙ステーション補給機「こうのとり」の開発に活かされることとなった。

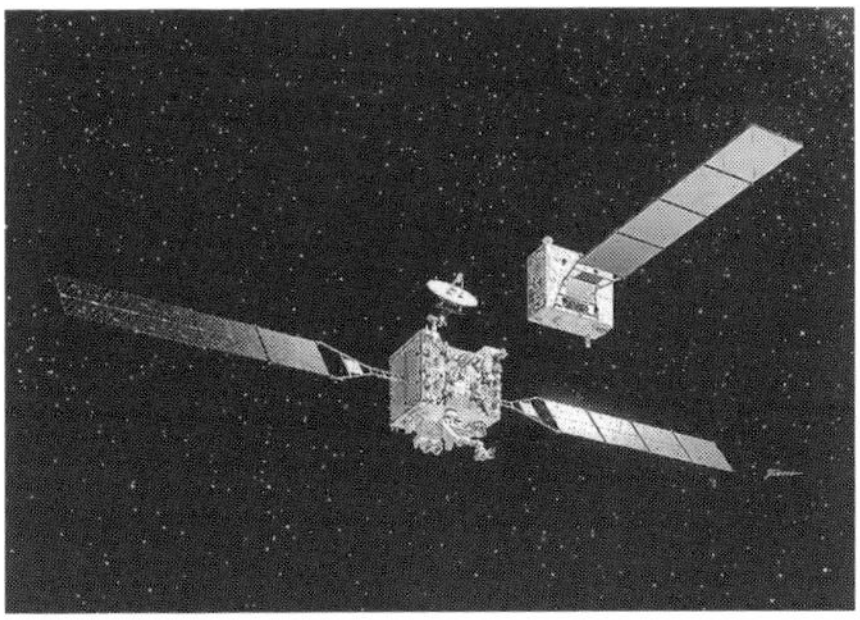

親衛星（左）**がひこぼし、子衛星がおりひめ**

(C) JAXA

「こうのとり」8号機，ISSからの放出前の様子
ⒸJAXA／NASA.

定して、「じゃあこういう風に連れて行けばいいね」というのを何回も何回も繰り返しました。これが今、宇宙ステーションに物資を輸送する「HTV」、一般には「こうのとり」と呼ばれていますけれども、これを、宇宙ステーションのところまで持っていってドッキングさせるという技術のベースになっているのです。

こうのとり　「こうのとり」は、国際宇宙ステーション（ISS：International Space Station）に実験装置や宇宙飛行士の生活物資を届けるための補給用宇宙機である。二〇〇九年から、一年～一年半に一機のペースで打ち上げられている。ISSまで自動で接近し、ロボットアームによりドッキングを行う方式を世界で初めて実証し、同方式は米国の民間宇宙輸送機に採用されている。

Column 2　はやぶさ 2

日本時間2010年 6 月13日22時51分，小惑星探査機「はやぶさ」から分離された回収カプセルが地球大気圏に再突入しました．60億 km の旅をへて，小惑星「イトカワ」のサンプルが人類にもたらされました．

それから 4 年半後の2014年12月 3 日に後継機「はやぶさ 2 」が種子島宇宙センターから打ち上げられました．はやぶさ 2 につながる検討は，初代はやぶさの打ち上げよりも前の2000年頃から行われていました．2007年 6 月には「プロジェクト準備チーム」が発足しています．しかしながら，十分な予算が充てられなかったため開発は遅々として進みませんでした．予算不足から他国との共同開発が模索され，一時はヨーロッパと行うことも考えられていましたが，これも頓挫してしまい，苦しい状態が続いていました．そのような中で，初代はやぶさが地球に帰還します．映画が何本もできるほど人気になりました．その後の進捗は素早いものでした．はやぶさ帰還から 1 年もたたない2011年 5 月に「はやぶさ 2 プロジェクトチーム」が発足し，正式に開発がスタートしました．結果的に世論が開発を加速させたと言えます．

はやぶさ 2 は，2019年 2 月と 7 月の 2 回，小惑星「リュウグウ」へのタッチダウンに成功し，サンプルを探査機内部に格納しました． 2 回目のタッチダウンの前には，小惑星への人工クレータの作成にも成功し，世界初となる小惑星内部の物質の採取にも成功しました．2019年11月にリュウグウを出発し，地球を目指して広大な宇宙を航海中です．予定どおりであれば, 2020年12月, 再び人類に貴重なサンプルがもたらされます．

（柳瀬 恵一）

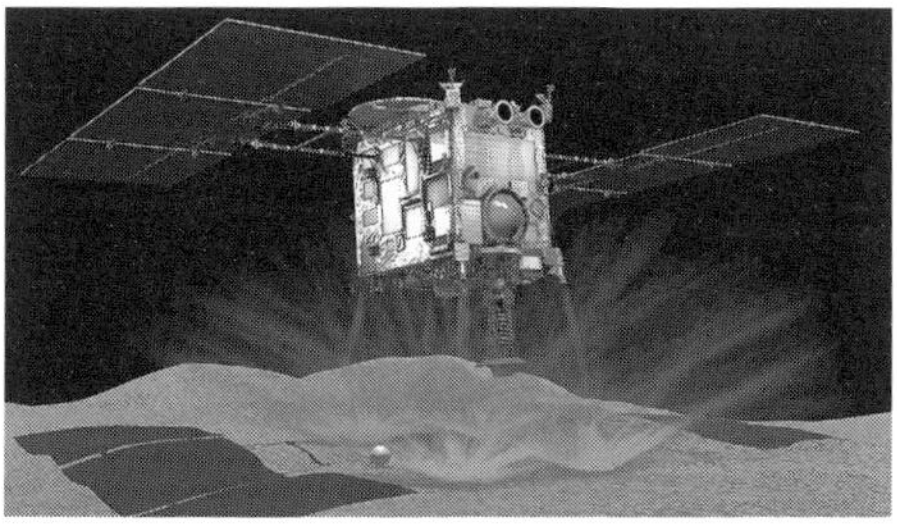
(C) JAXA.

(C) JAXA.

◆航空宇宙技術研究所と3機関統合

そのあと東芝を辞めまして、科学技術庁のもとにあった航空宇宙技術研究所（航技研、National Aerospace Laboratory: NAL）に移りました。ここでは、宇宙往還技術試験機＝HOPE-Xの研究をしていました。宇宙に行って帰ってくる。そういう「再使用型の輸送機の研究を日本でもやろう」ということをやっていたのです。

宇宙から帰ってくるので、宇宙往還機を目的の滑走路まで、きちんと誘導してきてそこに「ビタッ」と着陸させるという技術が必要でした。その時、滑走路と往還機の位置関係がすごく重要になってくるので、「技術試験衛星の七号機でやったことを宇宙往還機でもやりましょう」ということで、その研究をするために移ったのです。一九九三年に移りましたので、三〇歳過ぎてからということになります。

それから一〇年くらい経ちまして、行政改革（橋本行革、中央省庁等改革）の必要性が社会で叫ばれ始めました。財政危機に対して、「とにかく無駄の多い官僚組織をスリムにしましょう」という結論になったのでした。当時は、みなさんが今ご存知の倍の数の省庁がございました。

先ほど私は「科学技術庁」と申しましたけれども、みなさんは「科学技術庁とは何だろう」と思われたかもしれません。その当時は「科学技術庁」と「文部省」という

科学技術庁　「科学技術庁」は、かつて存在した日本の行政機関である。科学技術行政全般を所管していた。とくに原子力および宇宙関係の官庁の色彩が強かった。二〇〇一年の中央省庁再編にともない、文部省と統合され、現在は文部科学省となっている。

宇宙往還技術試験機「HOPE-X」　「HOPE-X」は、H-II Orbiting PlanE eXperimental の略で、日本独自の無人宇宙往還機の試験機開発計画である。一九九四年から無人着陸等の技術実証が行われていたが、一九九八年以降のロケットの相次ぐ失敗等を受けた宇宙開発計画の見直しの議論の中で計画は凍結され、実現にはいたらなかった。

(C) JAXA

学校関係の省庁の二つに別れていたのです。行政改革でそれが合体しまして、「文部科学省」になりました。われわれは「文科省」と呼んでいます。

ちょうどその時期に、科学技術庁の傘下にありました「宇宙開発事業団」(National Space Development Agency of Japan: NASDA)、それから文部省の傘下にありました「宇宙科学研究所」(Institute of Space and Astronautical Science: ISAS)、それから科学技術庁の傘下で私がおりました「航空宇宙技術研究所」(NAL)の三つが、「宇宙三機関を統合しましょう」ということで集まり、JAXAになりました。これが二〇〇三年です。いまから一六年前になります。

その後は、JAXAの航空技術部門におりまして、航空機の運航・安全の研究をやったり、その社会実装のためのプロジェクトのマネージャをやったり、それから部門全体の経営を担う事業推進部長というのをやったりしました。三年前に研究開発部門に移りました。こちらは航空ではなく宇宙の研究をする部門です。研究開発部門は筑波が本拠地なのですけれども、そこで今、研究戦略部長と研究推進部長という職についています。これらの役目については後でちゃんとご説明します。まず、JAXAは「三つの機関が集まった」ということをご理解ください。

Column 3　中央省庁等改革

2020年現在，日本の中央省庁は１府11省２庁からなっています．これは2001年１月の「中央省庁再編」によって大枠がつくられました．行政組織のスリム化を図るために橋本龍太郎内閣（1996～1998年）のときに省庁の統廃合が決定されたのです．

橋本内閣では「行政改革会議」が設置され，その最終報告書に基づいて「中央省庁等改革基本法」が成立し，１府22省庁が１府12省庁（10省２庁）に再編されることになりました．

一般に日本の政府は組織の改編が少なく，戦後の長いあいだ存在していた組織が全体として大きく変更されたのは，この時だけです．例えば現在の財務省はそれまで「大蔵省」でしたし，現在の経済産業省は「通商産業省」でした．昔の名前の方がなじみ深いという世代の方々も少なくありません．そして本文中にもあるように，文部科学省はそれまで「文部省」と「科学技術庁」でした．

なお，「科学技術庁」ができたのは1956年で，原子力開発と宇宙開発をその二本柱としてきました．アイゼンハワー米国大統領の“Atoms for Peace”（原子力の平和利用）演説が1954年12月，ソビエト連邦による世界初の人工衛星スプートニクの打ち上げが1957年10月．これらの戦後登場した巨大科学に対する国家支援の必要から設立されたトップダウン型の省庁だったのです．一方，「文部省」は明治以来，ボトムアップの性質が強かったと言われています．

「文部科学省」に限らず，統合後に旧省庁のあいだで十分融合が進み，スリム化が確かに進んでいると言えるのか，見守っていく必要があります．

（定松　淳）

❖宇宙3機関のそれぞれの特色

「宇宙開発事業団」とは、大型液体ロケット、今、主力の「H-ⅡA、Bロケット」の前身からその開発を担ってきた機関です。大型液体ロケットを開発して、「実用型の人工衛星の打ち上げを目指しましょう」ということで、例えば「ひまわり」という気象衛星とか、あるいは通信衛星とか、放送衛星とか、社会で役立つ衛星を開発して、宇宙に打ち上げるという組織でした。

「宇宙科学研究所」は、これはもともと東京大学の研究所だったのですけれども、全国の大学の共同利用機関に改組されました。「宇宙科学研究所」という名前がついているのですが、小型の固体ロケットをもっていました。ここでは「宇宙科学の研究をする」ということで科学衛星を使った研究をしていました。

「宇宙科学とは何か」というと、例えば「太陽系のはじまりはどういうものだったのか」、あるいは「宇宙のはじまりはどういうものだったのか」、あるいは「生命の起源はどういうものだったのか」、それらが「三大テーマ」なのですけれども、そういうものを宇宙科学の対象としてやっていました。

「航空宇宙技術研究所」というのは、「実際に飛ぶモノをつくる」というところではなくて、航空宇宙「工学」＝設計のためのエンジニアリングなのですけれども、その

H-ⅡAロケット、H-ⅡBロケット
この二つのロケットは日本が保有する衛星打上げ用の大型液体ロケットである。H-ⅡAは二〇〇一年に初号機が打ち上げられ、四二機中四一機が成功している。H-ⅡBは宇宙ステーション補給機「こうのとり」用のロケットであり、九機全ての打ち上げが成功している。両機の後継機は、現在開発中のH3ロケットである。
右：H-ⅡAロケット40号機
左：H-ⅡBロケット8号機

(C) 三菱重工／JAXA

(C) JAXA

基礎研究をやっていました。三機関の中では一番影が薄かったのですけれども、航空技術は他の二つの機関にはなかったので、ＪＡＸＡのなかでは航空技術部門がその仕事を引き続き担っています。

試験中の「ひまわり」（1号機）

この三つの組織は、それぞれに毛色が違います。一つは「宇宙開発事業団」ですが、名前に「事業団」とついております。他の二つは「研究所」という名前がついているのです。「事業団」と「研究所」の違いは何なのでしょうということですね。

「研究所」というのは何となくわかってもらえると思いますが、「何か新しいことを研究するのだな」ということで、例えば宇宙科学研究所であれば、先ほど申し上げた宇宙科学の「三大テーマ」を究明するような活動をするわけです。それでは、「事業団」は何をやるのかというと名前のとおり事業をする組織になります。ここで私どもが「事業」というのは、基本的には「国の事業」ということになります。

ひまわり（**気象衛星**）　「ひまわり」は、気象予測に用いるための観測画像を取得するために打ち上げられた日本の静止気象衛星である。一九七七年打上げの1号機から二〇〇六年打上げの7号機まで、衛星本体は米国製であったが、二〇一四年打上げの8号機と二〇一六年打上げの9号機は、国際競争入札に勝利した三菱電機が製造した。

事業団　宇宙開発事業団のこと。一九六九年に宇宙の開発および利用の促進を目的として設立された組織である。宇宙を活用して国民の生活を豊かにするための「事業」を行うことが最優先であるため、宇宙の「研究」よりも「開発」とその先にある「利用」に重点が置かれていた。現在はＪＡＸＡに統合されている。

Column 4　研究と開発

研究と開発は，しばしば一体化された「研究開発」という語として見かけます．しかしながら，「研究」と「開発」は全くの別物です．

『デジタル大辞泉』（小学館）によれば，「研究」は，「物事を詳しく調べたり，深く考えたりして，事実や真理などを明らかにすること．また，その内容」，一方の「開発」は，「新しい技術や製品を実用化すること」と説明されています．

つまり，未知の事柄を明らかにするための萌芽的な取り組みや，新しい技術を発見することが目的の活動が「研究」です．その後，研究において発見された新しい技術を実用化する，すなわち，その新技術を実際のモノに実装していく取り組みが「開発」です．

研究段階では，芽吹く（新しい技術が発見される）時期が予想できませんし，さらに，その技術が世の役に立つものかどうか判然としないまま，研究者の発想・信念に基づいて進められていきます．

それに対して，開発段階では，適用する新技術が明確になっていて，あらかじめ決めたリソース（人・物・金といった組織が利用できる資源）の範囲内で，目標期日までに実用化する取り組みです．開発は「プロジェクト」と呼ぶこともできます．

このように「研究」と「開発」は，まったくの別物であり，目指すところも，適したマネジメント方法も異なります．

「研究開発」と呼ばれますが，研究と開発，それぞれの特性に応じた取り組み方が必要ですね．

（宮崎　英治）

❖国立研究開発法人としてのＪＡＸＡ

ＪＡＸＡは「宇宙航空研究開発機構」が正式名ですが、頭には「国立研究開発法人」というのがついております。「国立研究開発法人」というと、「国の研究所」のように見えますけれども、大雑把に言って七割くらいは「事業団」の事業を引き継いでおります。すなわち、「国の事業」を行う組織です。

したがいまして、公共の役に立つことは役に立つのですけれども、行政機関ではありません。みなさんが「こういうことをやって欲しい」という声を直接あげてもらってそれで事業をやっているかというと、そうではないです。具体的には、みなさんの意見は、政治家を通して行政機関のところに降りてきて、政府が「こういうことを国の事業としてやりましょう」と決めたものをＪＡＸＡが請け負う、そういう組織になっています。

ただ、残りの三割というのは、宇宙科学研究所とか航空宇宙技術研究所の流れを受け継いでいますので、ここでは大学の理系の研究の先生方とよく似た業務のかたちになっています。とくに宇宙科学研究所は、教育職の方が、「教授」「准教授」という身分でいらっしゃいますので、割と「こういうことをやりたい」という自発的な研究をやっているという、そういうイメージを持っていただいても結構です。

国立研究開発法人　二〇一五年四月一日に施行された「独立行政法人通則法の一部を改正する法律」（平成二六年法律第六六号）によって設置されたものであり、略称は「国研」である。それ以前は「独立行政法人」とよばれていた。「国立研究開発法人」は、研究開発の長期性、不確実性、予見不可能性、専門性などを考慮された独立行政法人の一種である。

ＪＡＸＡは、「国立研究開発法人」という名前がついてはいるのですけれども、誤解を恐れずに言うと、七割は「国が意思決定をした事業をする」ということ、他方で三割は「研究所らしいことをする」ということをやっていると考えてください。

今日は、「研究の評価」というのを、山谷先生とお話をさせていただくことになります。国の研究機関として先ほど述べたような二面性を持つ組織の評価のあり方はどうするかということを話題にできればと思っております。

❖ 国の府省とＪＡＸＡとの関係

日本の宇宙開発の司令塔になっているのは「内閣府」です。

内閣府では、「科学技術基本計画」という、「日本の科学技術をこういうふうに伸ばしていきましょう」というのを決めています。この計画は総合科学技術・イノベーション会議で決められますが、議長は総理大臣がやっておられます。

その下に「宇宙政策委員会」というのがございます。「政府の宇宙開発はこういうふうにしましょう」というのを「宇宙基本計画」として決めています。

その内閣府の下に、国立研究開発法人である宇宙航空研究開発機構＝ＪＡＸＡがあります。ＪＡＸＡがドンドン宇宙開発をやっているかというと、実はそうではなくて、「国の政策」すなわち「宇宙基本計画」に基づいて、その政策を実現するための事業

総合科学技術・イノベーション会議（ＣＳＴＩ）　内閣総理大臣を議長とし、日本全体の科学技術を俯瞰し、科学技術政策の「司令塔」機能を発揮することが期待されている会議体である。「科学技術イノベーション総合戦略」（現在の「統合イノベーション戦略」）の作成なども行う。

宇宙政策委員会　「宇宙政策委員会」は、内閣府に設置されている審議会の一つである。日本の宇宙開発に対する調査や審議を行い、諮問や答申を出す機関である。二〇一二年から設置されているが、かつて文部科学省に設置されていた「宇宙開発委員会」に近い。

宇宙基本計画　「宇宙基本計画」は、宇宙基本法（平成二〇年法律四三号）第二四条に基づき、日本の宇宙開発に施策が計画的に推進されるために策定されるものである。日本の宇宙開発の基礎となるものであり、今後一〇年程度の計画を示し、民間の宇宙分野への投資計画の指針にもなっている。

をやっているということなのです。日々の職員の活動の七割は、そういった政府、あるいは有識者の先生方からなる委員会が決めている計画に基づいて進行しているということになります。

あとは関係する省庁として、「文部科学省」があります。これはもともと宇宙三機関が所属していた省庁ですね。それから通信関係を所掌する「総務省」、そして経済・産業に役立つ科学技術ということで「経済産業省」です。これらの四つの官庁がＪＡＸＡの「主務官庁」です。

ところで、宇宙をやっているのは、われわれＪＡＸＡだけではなく、他にもいろいろあります。情報通信研究機構（ＮＩＣＴ、総務省所管）、新エネルギー・産業技術総合開発機構（ＮＥＤＯ、経産省所管）、国際協力機構（ＪＩＣＡ、外務省所管）、国立環境研究所（ＮＩＥＳ、環境省所管）、防衛装備庁（防衛省）、気象庁と国土地理院（国土交通省）などが、宇宙を担当している我が国の機関ということになります。

なお、ＪＡＸＡのなかでは、研究開発部門、航空技術部門、宇宙科学研究所というのが大雑把に言って研究開発を中心にやっているところです。それ以外の部門は主に「国の事業」「計画に基づいた事業」を行うということで、ロケットをつくっているところ、人工衛星をつくっているところ、ＩＳＳという国際宇宙ステーションをやっているところなどはすべて、「国が決めている事業を遂行するための組織」になっています。こちらは人数的にも予算的にも大きいです。

Column 5　宇宙基本法

宇宙開発は，第二次世界大戦後のアメリカ合衆国とソビエト連邦による冷戦の下で，主に軍事利用を目的として進められてきました．

その後，1966年の国連総会において宇宙条約が採択され，宇宙空間の平和利用は国際的な原則となりました．1967年の条約発効と同時にこれを批准した日本でも，JAXA の前身である旧宇宙開発事業団（NASDA）を設立するための法案審議の中で，宇宙開発基本法の制定に代わるものとして1969年の衆議院本会議において「わが国における宇宙の開発及び利用の基本に関する決議」が決議されました．これによって，日本の宇宙開発は，「平和利用」の目的に限って行われることが明確となりました．その後日本では，宇宙開発はもっぱら科学技術の発展に貢献するものとして取り扱われてきました．

ところが，2008年に制定された宇宙基本法では，国際情勢の変化を理由として，宇宙の開発および利用の目的が，安全保障や産業振興にまで拡大されました．これにより日本の宇宙政策の目的は，「科学技術振興」「安全保障」「産業振興」へとおおきく変容することとなりました．

さらに，これまで宇宙開発を推進してきたのは文部科学省でしたが，宇宙基本法制定後，内閣に宇宙開発戦略本部が設置されました．ここでは宇宙基本計画などが策定されています．こうした動向は，JAXA における研究開発にもさまざまな影響を与えるものとなっています．

（橋本　圭多）

❖ ＪＡＸＡの事業と評価

〔山谷〕――お話を伺っていて、ＪＡＸＡの七割は「国の事業」で残りの三割がＪＡＸＡの独自の「研究開発」であるということでした。そうすると、七割の部分は国のいろいろな評価のシステムが入ってくる。他方ＪＡＸＡのなかの三割の部分は、国の評価の仕組み、考え方、やり方にあまり影響はない。こういうふうに理解してよろしいのでしょうか。

〔張替〕――「評価」ということに関しては、ＪＡＸＡの活動の全部に網がかかっております。「七割」と申しましたのは、どちらかというと「事業をするための予算」、すなわち目的と目標がはっきりした予算と体制で進めていく部分ということであります。残りの「三割」も、もちろん好き勝手をやっているわけではないので評価はされますけれども、国のなかで基幹的な研究開発としてやりなさいということになっていて、「研究者の自由な発想に基づいてやってもいいですよ」という、われわれの方では「基盤費」と呼んでおるのですけれども、そういう費用で三割くらいは動いています。

評価については、「基盤費」の評価もございますし、「国が決めた事業の予算を使った成果」という評価もございます。確かに、観点は違ってくると思うのですけれども、「評価」ということばを使うと、全部に網がかかっていると言えると思います。

Column 6　JAXA は共管法人

JAXA は研究開発機関ですので，国立大学のように文部科学省が所管していると思われがちですが，そうではありません．主務官庁が 4 府省にまたがる「共管」の国立研究開発法人なのです．

1 つめは内閣府です．内閣府には宇宙開発戦略推進事務局があり，宇宙政策委員会による審議を含め，宇宙基本計画に盛り込む事項の企画立案と調整をすることで，戦略的な予算配分の方針を示します．

2 つめと 3 つめは総務省と文部科学省で，宇宙利用の促進と科学技術としての宇宙開発の発展としての観点があります．

4 つめは経済産業省で，宇宙産業の発展を目指し，宇宙機器産業の国際競争力強化を図ります．主務官庁ごとに事業に対する目的が異なるので，JAXA の事業を計画する際には，これらすべての関係府省の許可が必要になります．

実際，JAXA の事業目標である「国立研究開発法人宇宙航空研究開発機構が達成すべき業務運営に関する目標（中長期目標）」の表紙は上記の 4 府省の連名となっており，その目標に従って，事業計画である「国立研究開発法人宇宙航空研究開発機構の中長期目標を達成するための計画（中長期計画）」がつくられているのです．さらに，JAXA の行った事業の評価をするのも内閣総理大臣，総務大臣，文部科学大臣，経済産業大臣となっています．

いくつもの府省によって所管されることにより，さまざまな視点で宇宙開発の発展が図られるのは良いことではありますが，目標設定，計画作成，評価業務は作業量が膨大になるため，効率の良い方法が求められます．

（柳瀬 恵一）

❖ JAXAの研究開発評価の種類と階層

〔山谷〕――よくわかりました。ありがとうございます。それでは次のお話にすすめます。「どういう研究開発評価をしているのか」についてはいかがでしょうか。

〔張替〕――国の研究評価というのは、各国立研究開発法人でだいたい統一されてやっていると思うのですけれども、主務官庁がJAXAの研究開発の成果を評価します。JAXAは四つの主務官庁がございますので、四回評価を受けます。これが、「国立研究開発法人としての評価」となります。それが一番上ですね。いわゆる「機関評価」です。その次のレイヤーが、「JAXAのなかの評価」ということになります。

「JAXAのなかの評価」ですが、理事長が各部門の事業の進行状況や研究開発の状況がどうであるかということを評価する「部門評価」（理事長による評価）が一番上のレイヤーです。その下のレイヤーが、「部門内での評価」です。これは各部門内によって評価の仕方が変わってくるのですけれども、私がいる研究開発部門では、研究グループがそれぞれ「研究テーマと計画」というのをつくり、「その研究テーマの進捗状況はどうなっていますか」という評価をするかたちになっています。それによって、「その研究計画をそのまま来年も続けてやりますか、あるいはフェイドアウトしていきますか」というような、わりと細かに研究テーマの評価を毎年することになっております。

それで、評価のレイヤーごとに、フィードバックがどういうふうに変わってくるかということなのですけれども、国立研究開発法人になりましたので、基本的には、「理事長が法人をきちんとコントロールやマネジメントをしてください」という建前になっています。したがって、「部門評価」（理事長の評価）という二番目のレイヤー（JAXAのなかでは一番上）がもっともフィードバックを効かせる構造になっております。国立研究開発法人になってからは、「理事長がすべてをマネジメントします」ということなので、そこで大きなフィードバックが効くということになります。一番上のレイヤーの「機関評価」は、「理事長の評価は妥当ですね」という理事長に対するアドバイス的なかたちになっています。

それで、「どういうフィードバックが効くか」ということなのですけれども、対象は「部」や「部門組織」です。「フィードバックの力の源泉は何か」というと、これは基本的に「人事」と「資金」という、この二つのパワーが源泉になっています。理事長は人事権をすべて握っているということと、研究開発を含めた事業費はすべての決定が理事長のもとでなされるということになっています。フィードバックは「人事とお金の配分」ですから、そこに評価が使われるということになります。

ただ一点、国立研究開発法人のなかでJAXAが違うところは、「七割」という数字は、正確かどうかは別にして「事業」をやっております。この「事業」は、国の方で「こういう事業をしましょう」ということを決めているものですので、例えば「うまく進んでいない」からといって、「じゃあ、理事長、これやめましょう」ということはなかなかできないし、もちろんしないということなのです。「きちんとやるように」というフィードバックはあるのですけれども、研究と違って、「これをもう止めてしまいましょう」とか、「続けましょう」とか、そういう短期的なフィードバックのかたちにはならないというところが、ＪＡＸＡは他の国立研究開発法人とは違って、理事長の権限が結構制限されているというふうに考えていただくと良いと思います。

Column 7　国立研究開発法人の名称と略語

国立研究開発法人の特徴で，一般の人にわかりやすいのは，法人名称に「国立研究開発法人」を用いるということではないでしょうか．2014年に改正された独立行政法人通則法において，国立研究開発法人については，その名称中に「国立研究開発法人」という文字を使用することが規定されています．実際，JAXAの設置法においても，「国立研究開発法人」という名称が使用されています．

他の類型の独立行政法人（「中期目標管理法人」「行政執行法人」）とは別の名称を用いる理由の1つは，国立研究開発法人の目標策定や業績評価について，「目標期間がより長くなる」「主務大臣の下に研究開発に関する審議会を置く」など，研究開発のマネジメントの特性が異なっているからです．このマネジメントをどのように実施するかがポイントとなります．国立研究開発法人の目標管理については，上記のとおり独自に制度化されている一方で，従来の独立行政法人制度と同様の規律を適用している内容も多いためです．ルールの継続はある意味で曲者です．従前の中期目標管理型の評価を踏襲する一方で，国立研究開発法人化にともなう新たな目標管理が追加されることによって，現場の負担感はますます増えるおそれがあるからです．

名称の話に戻りましょう．このような長い法人名称は煩雑な場合があり，銀行などでは，しばしば法人略語が使われています．例えば，漢字略語の場合，独立行政法人は『(独)』となります．また，金融機関で利用されるカナ略語『ドク』もあります．国立研究開発法人については，政府の資料に『(国研)』が用いられています．とはいえ，統一的な法人略語の成立には至っていないのが現状のように思われます．

なお，国立研究開発法人のうち，世界的な研究開発成果の創出を目指す法人については，別の法律により「特定国立研究開発法人」に指定されています．これはいったいどう省略することになるのでしょうか．

（西山 慶司）

❖ 独立行政法人評価と研究開発評価

〔山谷〕――今のお話は次のお話にも関係しています。要するに独立行政法人時代につくった仕組みがあって、内閣府、文部科学省、経済産業省、総務省の四つの国の所管の大臣がいて、それらが理事長に対していろいろと「指示」を出す、あるいは「希望」を出す。それで理事長がそれを受け、法人のなかで、中期目標期間の範囲で段取りを組んでいく。そういう基本的な仕掛けは一緒と考えてよろしいのでしょうか。

〔張替〕――そうですね。本来、先生がおっしゃるように、国立研究開発法人になった場合には、理事長権限が強くなるはずなのですけれども、先ほど申し上げたように国の事業計画の継続性がありますので、われわれ末端のものからすると、独立行政法人の時代と較べて、評価という面に関してはあまり変化していないなと感じられます。

〔山谷〕――そこでですね、次に出てくる疑問なのですが、国から「こういう事業をやってくれ」という指示が来て、評価をして「うまくいった」「うまくいかない」という結果となります。そうすると国からの予算が、理屈上は増えたり減ったりしますよね。そういうことはＪＡＸＡの場合、ありうるのでしょうか。

中期目標（または中長期目標）　独立行政法人の評価を行うための仕組みの一つ。法人を所管する主務大臣から示されるのが中期目標（または中長期目標）であり、五～七年程度の間に法人が行う事業に対する目標が示される。これに対し各法人は中期計画（中長期計画）を策定する。

〔張替〕――基本的にはありうるのですけれども、これはなかなかむずかしいのですが、「宇宙開発」という事業を止めたときには、「じゃあこの事業を誰がやっていくのか」ということになります。まだ民間の事業主体が十分に育っていないということと、大きなお金を必要とするのでなかなかそこに投資をしてくださる方もいないということを考えると、「事業の継続性」の観点から、「今回うまくいかなかった、あるいはまだ役に立っていなかったかもしれないけれども、そういうのを粘り強く継続してやっていく必要があるのではないか」という見方が許されます。「評価がダイレクトに事業の変革をする」というよりは、「もう少し長い目で見ましょう」というようなかたちになります。

そういう意味では「宇宙」というのは「優遇」されているというのですかね。評価自体にあまり左右されないのです。「国の政策として粘り強くやっていきましょう」というところはかなり感じられます。

一つの例なのですけれども、環境省、国立環境研究所、ＪＡＸＡが一緒にやっている、ＧＯＳＡＴ（Greenhouse gases Observing SATellite）という衛星がございます。これは「いぶき」という名前をつけているのですけれども、地球の大気を観測する衛星です。

ＧＯＳＡＴが何を観測しているかというと、温室効果ガス、いわゆる二酸化炭素を計測しています。これは一号機、二号機とありまして、次は三号機になるのです。

いぶき（ＧＯＳＡＴ）　二〇〇九年に打ち上げられた日本の温室効果ガス観測衛星である。高度約七〇〇㎞の上空から地球全体の温室効果ガスの濃度分布を測定することができる。これにより各国の二酸化炭素排出量の直接測定と比較が可能となった。

(C) ＪＡＸＡ

一号機の温室効果ガスを測定した結果がどういうふうに社会に反映されたのかというと、もちろん研究者の方がそれを使われるのですけれども、具体的に社会に反映されて国民が見ることが出来たというかたちにはなっていないのですね。

ただ、研究者のコミュニティの方から「これって重要ですよね」ということが言われて継続され、二号機で大きな成果がでました。今年のＩＰＣＣ（Intergovernmental Panel on Climate Change：気候変動に関する政府間パネル）で、「国際的な二酸化炭素監視の測定装置として衛星を利用しましょう」ということを、はじめて決議されたのですね。つまり、衛星開発を継続的に積み重ねていって、研究者の方が頑張って、衛星から取れる温室効果ガスの計測データが役に立つということを証明しなければいけないのです。ただ、それには相当時間がかかるということなのです。

毎年の評価がダイレクトに次の年の事業を決めるというような、そういう短いところでは回っていないというところが、宇宙開発の恵まれているところでもあり、逆にいうとスピードが遅くて時代の変化にタイムリーに追いついていないところでもあると思います。

（C）ＪＡＸＡ

ＩＰＣＣ（気候変動に関する政府間パネル）
地球温暖化についての科学的な研究の収集と整理を行うための政府間機構のこと。国際的な専門家が参加する。数年おきに地球温暖化に関する評価報告書を発行している。

Column 8　JAXA 研究開発部門のミッション

JAXA は日本の宇宙開発を担う中核的な機関ですが，そこで行われている活動は多種多様です．JAXA が行う事業には，宇宙輸送システムや人工衛星の開発運用，「はやぶさプロジェクト」に代表される惑星探査や天文観測などの宇宙科学，航空技術に関する研究開発，国際宇宙ステーションにおける有人宇宙活動などがあります．

JAXA は総勢1500名以上の職員が働く巨大な組織ですので，組織の中は宇宙輸送技術部門，第一・第二宇宙技術部門，有人宇宙技術部門，研究開発部門，宇宙科学研究所，航空技術部門など，ミッションに応じてさまざまな部署にわかれています．例えば研究開発部門は，当初は海外からの輸入に依存していたデバイスを自主調達できるようにすることが主なミッションでしたが，現在では研究開発を通じて，JAXA の活動にこれまでにはない付加価値を創造することを目指しています．

一般的に，宇宙開発の分野では「技術を枯らす」ことが求められます．つまり，ロケットを宇宙空間へ確実に飛ばすためにはリスクを極力排除する必要があり，そのためには新規ではなく既存の技術を磨くことに重きがおかれます．

しかし，新興国や宇宙開発ベンチャーの伸張を考えれば，JAXA が官民を含めた国際競争力を今後も維持するためには，果敢にリスクをとっていく必要があります．これからの JAXA には，将来新たな事業につながる可能性のある研究を数多く手がけて「技術を生み出す」ことが求められています．

（橋本　圭多）

❖「研究開発成果の最大化」と評価

〈山谷〉――お話を伺って思ったのですが、そうすると「法人」（独立行政法人、国立研究開発法人）という制度は、ＪＡＸＡにとってはかなりミスマッチな制度なのかもしれないですね。中期目標期間とその評価があって、年度評価が毎年行われ、そのために厖大な作業が発生するわけですけれども、他方でＪＡＸＡの場合、評価がダイレクトに事業に影響しないわけですから、法人評価は何のためにするのだろうということになりますよね。しかし、お話のなかでいえばそれは、もう少し長い時間、長いスパンで見た方が現実はよくわかる。そういう意味では法人の評価システムというのは、いまのＪＡＸＡにとっては厳しいというか、「ヘンだ」ということになってしまいますよね。

〈張替〉――毎年の評価での一喜一憂は、われわれにとっては結構つらいところがあります。

企業ならば一年間の収益できちんと評価をして、どんどんフィードバックをして、企業としてのマネジメントをして体質を強くしていくという、そういうかたちになっていくと思うのですけれども、国の研究開発、とくに国でしかできないような研究開発を毎年評価して、そこで、「今年〈Ｂ〉だったから来年何か変えないといけないか」というと、なかなかそうはならないのです。「本当に毎年、独立行政法人の評価が必要なのか」ということですね、もちろん国立研究開発法人は横並びですので、われわれはちゃんとやるのですけれども、そこはもう現場の研究者の人にはできるだけ負担をかけないで「機関評価」はやると割り切っている、と言ってもいいのではないかと思います。

〔山谷〕――外の人間が想定した評価の制度が実際にはうまく整合性がとれていない現実、これはやはり現場で責任をお持ちの方でないと気づかないことです。とても、重要なお話です。そこでくどいのですが、独立行政法人から研究開発法人になったことで、「何が変わったか」ということをもう少し詳しくお伺いしたいのですが。「あまり変わっていない」というお話も聞くこともあります。ただ、制度が変わったときの理屈は、「研究開発成果の最大化」でした。そういう意味でいいますと、現場で研究・開発されている方にとって、「独立行政法人から研究開発法人になって、何かメリットがあった」ということはございますか。

〔張替〕――先ほども申し上げたように、機構内では理事長がオールＪＡＸＡの立場で最終評価を行う観点ではあまり変わっていませんし、また、評価は毎年行われているのだけれども、「宇宙開発は恵まれている」と述べたように、従来から比較的長い目で見ていただいていたところもあって、独立行政法人時代の「機関評価」がＪＡＸＡにとって事業のネックになっているというわけではなかったのですね。その

研究開発成果の最大化　「研究開発成果の最大化」は、国立研究開発法人に課せられた第一の使命であり、この概念は、『独立行政法人の目標の策定に関する指針』（二〇一四年九月二日、総務大臣決定）において登場したものであった。その意図は、「国民の生活、経済、文化の健全な発展その他の公益に資する研究開発成果の創出を国全体として『最大化』すること」とされており、これは、当該法人のマネジメント力を最大限に発揮しつつ、①研究開発に係る優れた人材の確保・育成を図る、②適切な資源配分を実施する、③事業間の連携・融合を促す、④研究者の能力を最大限引き出す研究開発環境を整備する、⑤大学・民間企業等の他機関との連携・協力を進めるなどによって確保されるものであるとされている。なお、同文書では、「当該国立研究開発法人の使命、業務等に応じて、革新的技術シーズを事業化へつなぐ応用研究や成果の実用化などの橋渡し、ベンチャー・中小・中堅企業等の育成と活用促進、研究開発に係る人材の養成、多様な人材の活用促進、科学技術に対する理解の増進、科学技術情報の収集・提供・分析・戦略策定、施設・設備の整備・共用促進、行政への技術的支援、他機関との連携・協力等を通じて、大学、民間事業者等他機関の研究開発成果も含めた我が国全体としての研究開発成果を最大化することであると解することが適当である。」とされている。

意味で、昔から「研究開発の最大化」は意識していたので、現場では今回よくなった感じはしないのですが。

昔からＪＡＸＡは結構恵まれていたというところもあって、もしかすると他の研究開発法人の方々の方が、独立行政法人から国立研究開発法人になって、理事長の権限が増えて、もうちょっと長い目で評価されたりとか、政策にあまり左右されたりしないような、そういうような評価をしてもらえるようになったので効果を実感しておられるのかなと、そういう予想は立てているのですが。

何分、先ほど申し上げましたようにＪＡＸＡは評価という面では恵まれているところがありますので、「あまり変わっていません」という、そういうお答えになってしまうのですね。いい意味であまり変わっていないのかもしれないです。

Column 9 「イノベーション」と「タネ撒き」

現代社会において，自動運転乗用車やゲノム編集など，日々更新される「科学技術」や「イノベーション」への期待は強くあります．産官学連携や地方創生とも結びつけられ，私たちが直面する多様な問題を解決し，経済を牽引する希望になっているためです．しかし，科学者の多くが繰り返し訴えているのは，基礎研究をもっと重視することであり，「イノベーション」偏重ではありません．では，なぜこのような食い違いが生じるのでしょうか．

その答えの手がかりは，基礎研究や応用研究といった「入口」から，開発や社会実装といった「出口」までの一連の流れのなかのどの部分にイノベーションを位置づけるか，という認識の差にあります．

簡単な話に喩えてみましょう．実用化された製品は，まるでレストランでの食事のようです．見た目も華やかで，なによりおいしい．しかしながら，客である私たちからは，厨房は見えません．ましてや，サラダの野菜を農家がどう育てたかもわかりません．その野菜の種や，野菜を育てる環境（土壌や天気）はもっと大事ですが，食事中に種のことや土づくりに想像を膨らませる人は少ないでしょう．

この土づくりやタネ撒きから，育成のための環境，料理人による素材の選定，厨房での調理，食事までの一連の流れを含めて，「イノベーション」なのです．その基盤となる土づくりやタネ撒きを行っているうちは，どのようなレストランでどのようなメニューになるかはわかりません．しかし，豊かで便利な社会をもたらす科学技術の発展を求めるのであれば，土づくりやタネ撒きを忘れてはならないのです．基礎研究なしにイノベーションは起こり得ないからです．

（山谷 清秀）

❖「評価疲れ」と研究開発の現場

〔山谷〕――ありがとうございます。日本全国で、「評価疲れ」がいろんなところで言われるのですけれども、ＪＡＸＡのなかでは、他の研究開発法人とか、あるいは他の独立行政法人と較べると、「評価疲れ」というのがそれほど深刻な問題にはなっていないと理解してよろしいのでしょうか。

〔張替〕――「機関評価」という面では恵まれてはいるのですけれども、機構のなかでの評価、いわゆる「部門評価」ということになりますと、毎年、研究者の人たちにとっては、大量の資料をつくって、評価を経て、マクロでは大きな流れは変わらないのだけれども、ミクロでは「スクラップ・アンド・ビルド」をした方がいいのではないか、というような指導が行われるので、私自身は、「評価疲れ」というのは、「現場の研究者の人たちにとっては大きいな」と思っていました。それは申し訳ない、というように強く感じていました。

〔山谷〕――いま張替部長からＪＡＸＡそのものは機関評価の面では恵まれている一方で、実際に現場のＪＡＸＡ研究者は部門評価のための資料づくりに追われていると伺いました。評価の研究者としては大変興味深いお話です。評価学という学問の基本は、「まず現実を知る」というところから入ってきて、それで集まったデータの分析をもとに判断する。しかし、その現実を見ていませんでした。評価実践の場で、作業はかなり厖大な作業になっているのではないか、外から拝見しているとそう見えてくるのです。いま伺ったらやはり大変な作業です。その実態について教えていただきたいのですが、担当部長の印象からすると、いかがでしょうか。

〔張替〕——私は、今の部門で研究戦略部長として研究成果の評価を行う立場と、研究推進部長として研究をきちんと進め研究成果を上げるという立場の二つの職を兼ねています。つまり「知る」ためのデータをつくり、それを知って「評価」するのですね。このマッチポンプみたいな役割はすごく良かったです。評価はこうあるべきだというのが、つくる側、見る側を一人でつくれるのですね。リーダーシップが発揮しやすいポジションでした。

三年前に今の部門に異動したとき、前年度の評価資料を見ていて「大変だな」「すごい量の資料をつくるな」と思いました。研究開発部門を全部あわせると、三〇〇人くらい、数千ページ、ファイルだと何冊分にもわたるような資料を毎年つくってくれるわけですよ。これは、つくる立場でも、評価する立場でも大変だなと思いました。つくる方はもちろん大変ですが、見る方もポイントが絞り切れなくて評価しづらいのです。

こういう評価のやり方は、すごく申し訳ないなということと、かつ、それをしていたら研究者の人たちにとって、無駄な時間をいっぱい費やしているということになるなと思いました。毎年毎年、そういう数千ページという資料をつくっている。ミクロの評価はちゃんと直さないといけないと強く感じました。

実際にやったのは、まず、研究は一年ごとに区切って三割、六割というように積み上げで成果が出るわけではなく、終盤にきて一気に成果が生まれる。それを国の会計年度ごとにフェーズの異なる研究全部を一律評価しても意味がないということを認識してもらうことでした。研究テーマによっては、成果の出る一年前、二年前ということもあるだろう。だから、全部を同じトーンで説明するのは間違っている。終盤で目標とする成果の出たものを選択して、特筆すべき成果としてしっかりアピールして欲しいとお願いしました。

次は、社会、政府、経営層は宇宙開発における研究成果として何を期待しているか、それを上手く説明するポイントがある、すなわち上位のレイヤーの評価の観点をしっかりと現場の研究者に伝えるということでした。具体的には部門長の評価の観点、研究戦略部長の評価の観点をあらかじめ提示して評価の実施要領をつくり、さらに評価資料のフォーマットをつくって評価の観点を埋め込んで、研究リーダーにそれぞれの成果を書き込んでもらいました。これで私の見る資料の量は、三分の一になったと思います。

Column 10 JAXA のフィールドセンター

JAXA に限らず，世界の宇宙機関は，「フィールドセンター」と呼ばれる場所を設置しています．代表的なのは，ロケットの打上げを行う「射場」，研究を行うところ，開発試験を行うところ，などです．

JAXA の射場は，種子島宇宙センターと内之浦宇宙空間観測所の 2 カ所があります．種子島宇宙センターは H-2A，H-2B といった大型ロケットのための施設，内之浦宇宙空間観測所は，イプシロンロケットのような小型固体ロケットのための施設になっています．ロケットの打上げには，一般的に地球の自転の力を活用します．そのため，射場は低緯度地方にある方が好ましく，そうした理由から JAXA の 2 つの射場は鹿児島県に設置されています．

研究を行うところとしては，茨城県の筑波宇宙センター，東京都の調布航空宇宙センター，神奈川県の宇宙科学研究所が代表的な拠点です．それぞれ，開発試験を行う設備も設置されています．

開発試験を行うところとしては，宮城県の角田宇宙センター，秋田県の能代ロケット実験場，東京都の調布航空宇宙センター飛行場分室，などがあります．近年は，民間部門の宇宙開発も活発になってきており，宇宙機を製造する企業が試験設備を保有するケースも増えてきています．

(C) JAXA.

フィールドセンターでは，展示室があったり，一般公開イベントがあったりするなど，アウトリーチ活動も行われています．一度訪れてみてはいかがですか．

(宮崎 英治)

❖ 外部評価と内部評価

〔山谷〕――そこにもう一つ質問があります。「現場を知る」「説明する」、それでいろんな「判断をされる」。それは組織のなかで完結するのではなくて、ＪＡＸＡの外に一般の国民がいます。その場合、これは部長さんではなくて実際のＪＡＸＡの研究員の方に聞いた方が早いのかもしれないのですが、ＪＡＸＡの外にいる人たちの属性、特徴、教育レベルを想定されて評価のもとになるデータをつくられているのでしょうか。そしてそれを部長さんは、どういうふうに指導されているのでしょうか。それを伺いたいのですが。

〔宮崎〕――ＪＡＸＡの研究開発部門の宮崎と申します。評価資料をつくるときは、外をつよく意識してつくるということはしていません。どちらかというと、内部の説得のための資料というつもりでつくっているというのが実態です。外の方に発表するのは、学会ですとか、論文とか、そういう場があるので、そういったところでアピールしていくのが本来の正しい姿かなと思っています。そちらでは本気の発表をしていく。技術のフィールドのなかでちゃんと発表していくということをします。ですが、この評価用の資料は、わりと社内を向いてつくっていると申し上げたいと思います。

〔柳瀬〕――JAXAの柳瀬と申します。同じく研究をやっております。私の方もどちらかというといま宮崎が申し上げたとおりなのですけれども、評価者の顔を頭に思いうかべて、「この人の認識レベルがこれくらいだからこれくらいの内容でつくっておく方がベストであろう」と考えています。これは具体的な理由がありまして、評価を受ける時間というのはものすごく短いのです。普通学会で一五〜二〇分使って話す内容を、二〜三分で話さないといけない、下手するともっと短いのですね。なので、やっぱり対象にビシッとあわせて、「この人はたぶんこれは知っているからこれは書かない」「これは知らないからこれを書く」という書類にどうしてもなりがちなところはあると思います。

〔山谷〕――ありがとうございます。宮崎さん、柳瀬さん、お二方のお話をまとめると、次のようになります。内部説得のための資料として評価資料をつくっている宮崎さんは、資料作成にあたって内部のマネジメントを重視されているとともに、宮崎さんが所属されている学会の専門家も同じように強く意識されているわけで、研究組織内部のマネジメント評価と専門評価を共に考えられている。それにくわえて柳瀬さんはもう一つ大事なことをおっしゃっていました。JAXA内部の方に見せる資料ですが、それを二〜三分でわかるようにつくる、ある意味すごい努力をされているわけです。評価を学問対象として一九八〇年代から研究してきた私にとっては驚きであるとともに、とても重要な現実だと気づきました。

府省の行政事業レビューでも同じですが、レビューで判定する人は専門外の素人で、忙しい人たちです。いくら難しい内容でもこの素人には長々と説明できません。素人は専門研究の難しい内容に長時間つきあえないからです。同じことは対市民、対素人にも言えます。素人の市民もまた生活に忙しく、研究内容をゆっくり聞いてもらえることは期待できません。

そこで説明する場面では「短縮」が必要なのですが、これは丁寧に説明する姿勢とは逆行します。つまり多種多様な属性をもつ主体が評価に関わってくる、だから評価も変化せざるを得ないわけです。ここは張替部長はいかがお考えでしょう。研究員の方に評価の指導をされるときに、内部マネジメント、「対学会」以外に、「対一般市民」のことは意識されていますか。

Column 11 外部の有識者

官公庁にとって外部有識者は大事な存在ですが，その扱いは難しくもあります．理由は２つです．

１つは「外部性」です．外部の人なので官公庁の人ではないのですが，委員を委嘱するのが官公庁自身で「全く利害関係の無い」人ではありません．こういう人は第三者の客観的な視点を持つと主張することはできません．

２つめは有識者の属性です．社会的に知名度のある人，大学教員など専門知識を持つ人，官公庁 OB，経済界の代表，弁護士や公認会計士などのプロフェッショナル，幅広い知識を持つジャーナリストなどが外部有識者として想定されます．ただし，委嘱されている政策について玄人か素人かという視点からそれぞれ批判があります．例えば知名度はあるが専門知識がない有名人，専門が違えば大学教員でも素人，官公庁 OB（官僚）はゼネラリストなので素人，経済界関係者は経済的利害を重視する素人，弁護士や公認会計士は法律や会計の知識以外は素人，ジャーナリストは何でも知っているが本当は素人．

素人が集まっている有識者会議では，委嘱した官公庁の主張を「なぞる」だけになりかねません．そこで外部有識者が何を求められているか，再考が必要となります．政策担当者のアイデアが現実社会から遊離していると指摘する素人の健全な常識，民主的な議論の運び方や正しい手順をふまえて政策を進めるよう求める，「霞ヶ関」の中に偏りがちな論理をたしなめるなどです．これらが外部有識者の存在意義なのかもしれません．

（山谷 清志）

❖「評価の視点」

〔張替〕――まず、評価をするときには、「評価の視点」をきちっと研究者の人たちに示さないといけません。いわゆる「無駄玉」を打ってしまうということを無くさないといけないということは先ほど申し上げたとおりです。

それでは、その「評価の視点」をどこに置くのかということです。今、先生がおっしゃられたように、結局、ＪＡＸＡの外に出て行って最後は「機関評価」という一番上のレイヤーのところで評価されることになります。いわゆる内部の人ではなくて、外部の先生方が評価をしてくださるというかたちになるのです。「評価の視点」というのは、やはり外部の方々が見られて「これって意義があるよね」、あるいは「価値があるよね」というようなことを言ってもらえるような評価書づくりをしなければいけないというのが念頭にあります。

外部の人が見る「評価の視点」を研究レベルにまで落とし込んで研究者の人たちにお話をすることから始めることで、「評価」を意味あるものにできるだろうと思っています。それは何かというと、外部の先生方というのはそれなりの経験とか知識をベースにして判断される。それは普遍的価値観というものではないとは思うのですけれども、とは言え、「社会で役に立っている」とか、あるいは「社会で価値をもつ」ものというのは、科学技術においては「ある」のですね。ある程度、みなさんが共通の価値観を持つので、そういった観点は研究者の人にきちんと説明をしなければいけないと思います。

具体的には、「この技術というのは、どういうふうに発展して国民の生活に役に立つのか」、あるいは「産業という観点で見たら、この技術というのは他社に較べてどれくらいの価値の差をつくるのか」とか、そういう社会から見たときの価値の観点というのは、評価の資料をつくる人たちに、資料をつくる前に、お話をしておく。それが私の仕事だろうと思っています。

われわれ、評価者側が社会とつながっているからこそ、被評価者である現場の研究者の人たちが内部向けの資料をつくっていても、それが自然と社会で評価されるようになる、それが理想形です。

〔山谷〕――そういう意味では、「評価」は、研究の分野と社会をつなぐ「触媒」みたいな役割だと理解してよろしいでしょうか。

〔張替〕――おっしゃるとおりですし、「評価」はそうあるべきだと考えます。研究開発部門の研究員に、今、一番何を言っているかというと、「社会に出てください」と。「社会の人たちが何に困っているか、何を望んでいるのかといったことを聞かないとダメですよ」という話をしています。それを常に申し上げていて、私自身もどんどん外に出ていくことを自分に課しています。それは「評価以前の問題」で、どちらかというと「アティテュード」というのですかね。「姿勢」です。「向き合う姿勢」、「研究者のもつべき姿勢」として、外の人たちと十分にお話をしてくださいということを言っています。それは「評価」にも役立つし、それ以上に研究にとっても大事なことで、社会人として、あるいは企業人として、組織人として根本なのだろうと思っています。そういう意味で、今回のように他分野の方々とお話できるのは、私にとっては素晴らしい刺激になっています。

Column 12　評価リテラシーの重要性

評価に詳しくない素人が評価をすることの愚はだれでも知っています．しかしSNSの普及によって「一億総評価者」になってしまった今の日本では，その愚が繰り返されています．

評価と言いながら，実は好き嫌いの感情論で，だれもが，何でも，気軽に，評価するようになっています．そこではあいまいでよくわからない基準で判断する事態が横行しています．順位づけやレーティング，アクセス数，「いいね」の数で何がわかるのかと評価専門家は憤りますが，しかし世間では他人の評判を気にする悪癖はなかなか消えないので「似非評価」「評価もどき」がはびこっています．

それをさらに悪化させているのは，意味不明な囁き，「私はあなたを評価している」「あなた評判悪いよ」，です．2000年に設立された日本評価学会はこうした惨状を改善するために，評価リテラシーの向上と普及に努め，研究大会を開催し，評価士養成講座を開催してきました．その基本は，評価の概念，評価の設計と作業工程表の作成，データ収集方法と分析手法，厳格な手続，評価者倫理，評価者の社会的責任などです．さまざまな研究分野（multi-discipline）を横断した評価学は，実践的応用によって洗練され，市民は政策やその運営を考える手がかりを提供しようとしています．

評価リテラシーは民主主義のリテラシーでもあるのです．

（山谷 清志）

❖ 評価の氾濫と混迷

〔山谷〕――他分野の人とのコラボレーションは常に大事です。ありがとうございます。その中で「評価以前の問題」が山積しているというご認識、全く同感です。そういうお話を伺ったあとに、質問しづらいお話になるのですが「評価以前の問題」について、どうも腑に落ちないところがあります。

「科学技術政策」といいますと、例えば内閣府をはじめとした国の府省、法人が関わります。そこでは、「評価」ということばがいっぱい出てきます。氾濫していると言ってもよいでしょう。

その「評価の氾濫」のなかに「政策評価」や「独立行政法人評価」、先ほどから部長さんがおっしゃっている「機関評価」「部門評価」もあります。もちろん「研究開発評価」があり、さらに府省が毎年五月から六月にかけてやっている「行政事業レビュー」が出てきている。このご時世ですから評価結果は丁寧に公表されます。しかしそれを見ても「この評価は、実際に何なのか」、それがさっぱりよくわからない。私は日本評価学会の会長ですから評価はわかっているつもりでいたのですが、実はそれが全然わからない。一体どういうことなのかということが、ＪＡＸＡの方々と知り合ってからずっと悩んでいます。

ＪＡＸＡの代表的な評価、研究開発評価では「道筋」ということばもあります。「インプット」「アクティビティ」「アウトプット」「アウトカム」という流れ（ロジックモデル）ですね。評価の「理論」ではそのとおりだと思うのです。しかし、これが実際にＪＡＸＡの関係する政策評価や法人評価、行政事業レビューではこの「理論」はなじまないのではないか。

例えば具体的にイメージしてみましょう。研究に「インプット」（予算）を投入して、ＪＡＸＡのみなさんが研究「アクティビティ」をされて、それによって研究の「アウトプット」が生産され、このアウトプットの成果として「アウトカム」が発生する、そしてアウトカムが世の中に広がっていって、良い意味での「インパクト」になる、この道筋が想定どおりに進むのかどうかわからない。外から拝見していると「道筋」が見えないのです。見えたとしても五年、一〇年どころかもっと長いスパンかもしれないという話なのですが、しかし法人評価の実態は逆に毎年毎年の評価を求めている。

そこに違和感がある上での質問なのですけれども、「日本の科学技術を評価する」という内閣府を中心として、文部科学省、経済産業省、総務省がつくりあげてくる「政策」「プログラム」「事業」、それらを「評価するスキーム」が、どうもズレているのではないかと私は思っているのです。これ、間違いでしょうか。

〔張替〕――国の機関の一員なので批判だけで済ますことはできないのですけれども、

ロジックモデル　政策のプロセスを、因果関係に注目してたどる論理的なモデルのこと。主な要素は input → activities → output → outcome の四つである。あらゆる政策をこの四つの要素で表現する。主に政策目的や政策手段を共有するために用いる。

ただ、一点私が思っているところがあります。これは国の機関がもっている「普遍的な欠点」だと思うのです。国の機関は税金を使っているということがあって、その裏返しとして「説明責任」があります。「説明責任」を評価してもらうということもあるし、政策をつくるときにもたくさんの人を集めてみんなの合意を得てから政策をつくるということもやります。少人数が集まって、コソコソとやって「よかったね」ということはできないシステムになっているのです。

大きなファンディングをするときには、いろんな有識者の人たちが集まります。ただ、個々の有識者の人たちはすごく「尖った意見」をもっているのですけれども、ただ、「尖った人」は自分たちが自由に振る舞えたときにこそ「尖って」いられたのだと思うのです。その「尖った人」をたくさん集めると、尖りきれなくなって、結局は議論のなかで「丸い政策」が出てくるとか、「あちこちを向いた政策」が出てくるということが起きるのではないかと私は思っています。

「評価」も同じで、「尖った評価」をしてくれる人だけだったらいいのですけれども、あれやこれや評価の数が増え、さらに評価ごとに多くの有識者に評価をしてもらう。そして、その人たち全員に納得がいくようにしています。例えば「顕著な成果が出ているものをしっかり見せてください」という人もいれば、「悪いところも隠さず全部の成果を見せてください」と、逆にいう人もいてですね。「たくさん見せられるとアピールする点が十分に説明してもらえないから困る」という人もいれば、そうでない人もいます。「評価の機会が増える」、「たくさんの人が見る」ということの「欠点」もあると思うのですね。

それは、「中庸の政策」と「中庸の評価」というのですかね。「丸い政策」と「丸い評価」と言ってもいいかもしれないのですけれども、粛々と進めていく場合には、たぶんそれでいいのだと思います。しかし、何か「尖ったこと」をやろうとしたときに、「私がやります」「私の責任でやります」「私の考えでやります」といったことを、国の機関がやりにくいという点は、どこか間違っている、違うのだろうなと思っています。

米国のＮＡＳＡとＪＡＸＡは同じ宇宙機関なのですけれども、違う機能が結構あります。米国のＮＡＳＡは何をすることができるのかということですね、彼らは「投資家」として振る舞うことができるのです。つまり、ファンディング機能をもっています。「これだ」と思った人や技術に対してファンディングをして、それをやってもらうというわけです。

ファンディングは、「融資」ではなく一種の「投資」ですので、「失敗覚悟でやる」ということですね。その機能はわれわれはもっていないのです。これは米国と日本の大きな違いだと思うのです。

米国も「評価」はちゃんと行われていて、「説明責任」（＝アカウンタビリティ）という言葉もアメリカから来ていると思うのですけれども、それの「欠点」を明確に認識していて、ほかにアドオンの泳げる要素というのを意識して持っているような気がしています。

日本は全部を一〇〇パーセント、アカウンタビリティをしないと気が済まないという、そういうところがあるのではなかろうか、という気がしています。そういうことをすると先ほどの「評価疲れ」であったり、たくさんの委員会があっていろんな政策を出してくるのだけれども、「いったいどの方向に向いているのかわからない」といったような、評価のプロである先生方が「いったいこの評価は何のためなのか」という疑問を持たれる、そういうふうに感じられます。

本当に少人数でコソコソっとやって、「私の考えでこういうことをやったら、いい成果がでました」という余地を残すべきなのではないだろうか、と個人的には思っています。

Column 13 「尖った研究」と「尖った政策」

世間では「尖った」と言えば狷介，独りよがりのマイナス・イメージですが，ここではむしろ褒め言葉として使われています．

「尖っている」とエッジが効いて，クールで，インパクトが強いと賞賛される一方で，前衛的で非凡なため，普通人は理解できないということになります．マスコミや雑誌，テレビで尖り方を褒めると，何か胡散臭い感じになるのも，「尖った研究」の残念なところです．

さらにこの「尖った研究」を政策で支援するのは苦労します．「尖った研究」を公的に支援するためには税金を投入することになるので，その研究組織の中で議論を重ね，上司に理解を求め，会計や総務担当の「重箱の隅をつつく質問」に答え，所管府省の行政プロセスに我慢し，詳細な事前評価作業に耐え，予算要求のバトルフィールドに載せなければなりません．これは他の分野，例えば医療，教育，福祉，土木などの分野でもみられるお決まりのプロセスです．

こうしていろいろな質問にさらされ，多様な意見に揉まれる中で「尖った」角が取れ，「丸く」なっていきます．財政再建や過剰人員のカットに拘泥する議員の注文があれば，さらに「丸く」なります．この段階で既に研究者の「尖った」気持ちは萎えているのに，研究補助申請書に「読みやすい日本語」として修文作業を求められるので，「尖った」人たちは嫌気がさして，諦めの境地となります．こうして「尖った」部分が摩耗した「丸い研究」に変わり，「丸い政策」も蔓延します．

「千のうち三つ，尖った研究があれば日本は大丈夫だ」という考えがあります．残りの997を無駄だと思う人も「丸い研究」「丸い政策」の普及に荷担しています．

（山谷 清志）

Column 14　素人と科学リテラシー

星新一『かぼちゃの馬車』（新潮社，1983年）に収録されたショートショート，「高度な文明」は，高度な科学技術を持つ宇宙人が地球に降り立ち，多くの技術を地球人に教えてくれるストーリーです．

ある日，突然宇宙船が壊れてしまい，宇宙人はそれ以降技術を教えることができなくなりました．なぜならばその宇宙人は技術を理解していたのではなく，宇宙船に保存されていたデータを，そのまま地球人に伝えていただけだったからです．

この宇宙人はまさに私たちの鏡でしょう．文明が高度化すればするほど科学技術への依存度は高まる一方で，素人は自分が利用する科学技術を理解できなくなります．

そこで考えられてきたのは，「サイエンス・コミュニケーション」や「コンセンサス会議」といった市民参加型の手法です．ところが，ここにも問題があります．これらの手法は，科学の「無誤謬性」，すなわち「科学的正しさ＝正義」という認識にもとづいた一方的な「市民教育」につながりやすいのです．

SF 作家や科学者のなかには，科学技術をその社会的影響力から「魔法」や「宗教」に例えてきたものもいます．科学の持つ独特な権威が絶対化し，無知な素人に対して専門家たる科学者が「正しい事実を教えてあげよう」という考えに陥る場合もあります．逆に素人は，「専門家の言っていることなんだから正しいのだろう」と理由を考えず納得してしまったりします．

科学技術は神託ではありません．科学だって間違うこと，科学では答えを出せないことはたくさんあるのです．市民参加は，素人である市民が科学技術を学び「賢く」なることだけに意義があるのではありません．専門家としての科学者のもつ感覚に，素人としての感覚をぶつけ，より良い社会をともに考えていくところにあるのだと思います．

（山谷 清秀）

❖ アカウンタビリティのジレンマと錯綜

〔山谷〕――「全部を一〇〇パーセント、アカウンタビリティをしないと気が済まない」。これはまさにそのとおりだと思います。そしてここに重大な問題があります。

理由は簡単で、「説明」もいろんな説明の仕方があるからです。例えば会計の説明もありますし、政治家が市民を政治的に説得する説明もあるし、法律的に適正な手続を踏んでいるとの説明もあります。それから、ルール、規則、これをちゃんと守っているというコンプライアンスの説明もあります。それからもちろん、研究開発のプロフェッション、エキスパートやスペシャリストの世界で「それはそうだよね」と納得できるような説明もあります。

私が常々思っていたのは、それが日本の社会ではゴチャ混ぜに、「とくにかくアカウンタビリティだからやりなさい」といわれて、それで全部それをやらせられているのはおかしいと。そうすると、およそ会計が得意じゃない人が財務をやらされたり、逆に研究がほとんどわからない人が政策アカウンタビリティの文書を書かされたりする。

つまり、「アカウンタビリティの分業体制」が、日本の社会というのは全然できてこないまま、二一世紀に入ってしまったのではないかなと思っています。いろんなどころでアカウンタビリティを要請する、それも膨大な作業が発生する要請で、しかしそれを担当する人は本業が研究者なので不得意、そのため本業（研究）に向ける時間がこのアカウンタビリティ作業に浸食されていく、結果として両方のアカウンタビリティが実現できない。このような「アカウンタビリティのジレンマ」ですが、その大きな問題は、アカウンタビリティのために色々やるというメッセージが、思考停止状態を招いているということを、私は常々思っていました。

〔張替〕——先生がそういうふうに思ってくださっているというのは、評価のプロの先生もそう感じておられるのだということで私も心強いですね。

◆ 連邦議会技術評価局（ＯＴＡ）

〔山谷〕——これはＪＡＸＡの研究開発だけでなく、医療の分野とか福祉の分野とか、いろんなところで申し上げているのですけれども、どの分野の方も「へえ」という感じで終わっているのですね。われわれ日本評価学会がもう少し啓蒙活動をしなければならないのかなと思っています。まさに今のＮＡＳＡのお話でも出て参りました。そこに何かカギがあるような気がしましてですね。

ここからは私の持論なのですが、ご存じだと思うのですが、一九七〇年代にアメリカに Congressional Office of Technology Assessment（ＯＴＡ：連邦議会技術評価局、

アカウンタビリティのジレンマ　一人の研究者が、法令や手続の遵守に関する形式的な要件と研究成果を出すための実質的要件を両立させるのは難しい。無理に両立させようとすると一種のジレンマ状態に陥る。

ＯＴＡ（Congressional Office of Technology Assessment）　かつて存在した米国連邦議会の機関のこと。研究開発にかかる資源の最適配分を目指すテクノロジー・アセスメントを行う。一九七二年設立され一九九五年に廃止された。廃止後の機能はＧＡＯ（米国の連邦議会付属機関の会計検査院）に引き継がれた。

一九九二～一九九五年）というのがございまして、これは議会の補佐機関で国民の選挙で選ばれた議員さんたちのために、科学技術をちゃんとアセスメントするという機関でした。非常に優秀な専門家たちを集めてやっていた、そういう文化がアメリカにはあってですね。そうするとＯＴＡが「いい」といえば、「まあ大丈夫なのだろう」と一般のアメリカ国民は思うわけなのですよね。

ところが日本はその文化がなくて、あるいは制度設計がなくて、そういうものをつくる気がなくて、結果として衆議院の委員会とか、内閣府の政策評価とか行政事業レビューとか、およそ自分にとってはよくわからない素人に、専門家の玄人の分野を「何か言え」「判断しろ」とやっているわけです。

例えば内閣府の行政事業レビュー公開プロセス（二〇一九年六月二四日）にさっきお話に出た巨額の研究開発案件（官民研究開発投資拡大プログラム、ＰＲＩＳＭ）も出てきて、説明はとても上手いので素人は妙に納得する、言葉は悪いですがコロッと騙されてしまうわけです。説明する方が非常に上手で「なるほど、これはいいプログラムだな」、と思ってしまうわけです。結果として内容についてはよく理解しないまま、結論が「一部改善で」になってしまう。常々反省しているところなのです。

そういう意味でいいますと、これまた妙な質問になると思うのですが、ＪＡＸＡのなかで、いま私が申し上げたようなマネジメントのアカウンタビリティですね。マネジメントもいろいろとありまして、プロジェクトのアカウンタビリティ、ある

ＰＲＩＳＭ（官民研究開発投資拡大プログラム）
総合科学技術・イノベーション会議と経済財政諮問会議が合同で取りまとめた「科学技術イノベーション官民投資拡大イニシアティブ」に基づき設立された制度のこと。民間の研究開発投資誘発効果の高い領域に各府省の施策を誘導し、領域全体としての方向性を持った研究開発を推進することを目的とした制度である。

いは「機関評価」や「部門評価」、対大臣に向けたもの、あるいは財政・財務・会計の専門家向けのアカウンタビリティ、それから研究そのもののアカウンタビリティ、あるいは一般の対市民に対するアカウンタビリティなどがあります。こういうふうにアカウンタビリティのいろんな多様性に対応する評価の仕組みをＪＡＸＡのなかで考えられるものか、という点を伺いたいのですが。

Column 15 JAXA の文系職員と理系職員

JAXA は，技術のイメージが強いので，理系職員だけで構成されているのでは，と思われているかもしれません．しかし，JAXA も，一般の会社と同じように，法人運営に携わる職員が多数います．全職員の23%が事務系職員です（2019年 4 月現在）．

調達部，財務部，法務・コンプライアンス課などは，特に専門性が高く，その道のプロがいないと JAXA は立ち行かなくなります．このように，法人運営上必要な部署には，文系の領域（社会科学系等）をバックグラウンドとする職員が採用され，配置されています．

一方，理系職員も法人運営部署に配置されることがあります．例えば，各事業部門には事業推進部と呼ばれる部署があります．国の機関でいうところの官房組織です．この事業推進部では，部門予算のとりまとめや，事業計画の策定などを行っており，その内容が技術面に根差すことが多いため，理系職員が配置されます（もちろん，文系職員もいます）．

JAXA の文系職員，理系職員を見比べると，「宇宙」「航空」に対する熱量が結構違う，というのが特徴的です．文系職員は，宇宙好き，航空好きが多いですが，良くも悪くも宇宙・航空に対してクールです．一方，理系職員は，宇宙・航空好きが高じて JAXA に来た，という人が多く，いわゆる宇宙バカ・航空バカが多いです．

熱量が違っていても，文系職員と理系職員が一丸となって JAXA 事業に取り組んでいることは間違いありません．JAXA に関するニュースや記事を見かけたときには，目立たないものの，多くの文系職員が奮闘していることを思い出して下さいね．

（宮崎 英治）

❖ 評価の「交通整理」論

〔張替〕――難しいご質問です。まず、前半の先生のお話の、評価のあり方、正しい評価、評価はこうするべきであるという学問が一つあってもいいのではないか、あるいはそういう機関があってもいいのではないかというお話は、私は非常に重要だと思います。

研究戦略部長として、研究者の方々を評価する立場に立って、一番恐れているのは、「私の知識、経験で研究者の創造性をつぶすのではないか」ということです。自分の専門外、あるいは若い人を評価する時、常に自分に対する不安はあります。しかし、その不安を多数の人に分散して免罪符にすることは避けたい、自分を律しつつもきちんと自分の責任で評価する、そういうことの重要性をわかってほしいです。

そういう意味で、「評価というのはこうすべきなのだ」という一つの学問体系をつくる、あるいはそういう組織、あるいはそういうことを学べる場所をつくるというのは、私は日本にあるべきだというふうに思っていて、たぶん評価の先進国である米国とかではそういうのを持っておられるのだと思います。それはぜひ、日本評価学会会長たる山谷先生につくっていただければ、と思います。

いま、多様な評価があるなかで、そこをうまく切り抜ける方法がＪＡＸＡのなかであるのかということなのですが、それはやっているところもあると思います。ここは中間管理職が一番きちっとやるべきだと思っています。外からいろんな声が聞こえてきます。研究、財務、戦略に対する声等々、いろいろと聞こえてくるのですけれども、それをただ単にストレートに現場の研究者や事務系職員に渡していくことは、「よくない」と思っています。

そのなかで、「研究者に渡すべきもの」、「ヘッドクォーター機能に渡すべきもの」あるいは「自分のところで抱えてちゃんと答えるもの」というのを「交通整理」をしてあげるというのが、中間管理職が一番やるべき姿なのだろうなと思っています。

中間管理職の人は、結局、そういう「交通整理」をしないまま、「ボン」と現場に投げてしまったりして、結局はうまくいっていないということがあってですね。日本は「技術力」はすごくあるのだけれども、その「技術力」を継続的に「産業」にしていく力が非常に弱い。それがないから、税収も減って、技術を支える基盤的研究費も減って、悪循環に陥っている。基本的には経営が「技術」を「産業」にしていくのであって、日本では上手い経営が出来ていないと諸外国から思われている。

ではその経営の部分が、「なぜ技術をうまく育てていく力がなくなっているのだろうか」と考えたときに、たぶん経営に携わる人は、うまく「交通整理」の役割、つまり外部の声（技術動向とか社会動向）のマネジメントができていないのだろうと思っています。なかにはそうしたことができる人がいて、そういう企業だけが生き残っていっている。そういうことだと思いますね。そういう意味で、日本の産業全体、あるいは日本の組織全体でもあるかもしれませんけれども、経営部門が、「評価疲れ」もそうですが、若い人たちのアイデアをうまく伸ばすようにマネジメントしてあげられていないというところが大きいかなと思っています。

それはトップダウンで意識を変えていくしかないのですが、「トップダウンで意識を変えるとはどういうことか」というと、トップの人に、「評価はこういうものですよ」と。つまり「評価を上手く成果に結びつけるにはこういうふうなことをするといいのですよ」ということを、中間管理職層がうまくそこをリードするという、そういうところが学問体系としてあるといいなというふうに私は思いますけれども。

Column 16　総合科学技術・イノベーション会議

1959年以来，内閣総理大臣の諮問機関として「科学技術会議」が置かれていましたが，中央省庁再編に伴い，内閣府の「重要政策に関する会議」のひとつとして「総合科学技術会議」が設置されました．2014年より名称が「総合科学技術・イノベーション会議」に変更されて今日に至っています．

「総合科学技術・イノベーション会議」は，内閣総理大臣を議長とし，科学技術担当大臣を始めとする関係閣僚および有識者から構成されており，それぞれに研究開発予算をもつ各省庁よりも一段高いレベルから科学技術政策およびイノベーション政策の企画立案と総合調整を行うこととされています．また総合科学技術・イノベーション会議には，関係機関の長として「日本学術会議」の会長も参加しています．

「日本学術会議」は戦後の1946年から1948年にかけての学術体制刷新運動の結果として生まれた組織で，1920年に設置された「学術研究会議」が前身です．「日本学術会議」は政府の行政組織の１つでありながらも，その構成員である日本学術会議会員は研究者の直接選挙によって決定され（2005年に選考方式に変更），各種学会がその下に位置づけられることから，“学者の国会”とも呼ばれてきました．

「総合科学技術・イノベーション会議」は直接的に政策形成を行い，「日本学術会議」は学界の意見を集約して政策提言を行う，とされています．「総合科学技術（・イノベーション）会議」の設置によって，学術政策の方向性がより政治主導で決定されるようになりました．機動性が高まる等のメリットがあると同時に，“集中と選択”の副作用として研究の多様性・裾野の広がりが失われないよう配慮する必要があるでしょう．

（定松　淳）

❖「全部見せる」のか？

〔山谷〕――ありがとうございます。私は外務省で、独立行政法人評価の制度をつくっていたのですが、そのとき民間企業の社長を経験された評価委員に言われたことが、記憶に残っております。会社のなかにはいろんなコントロールシステムがあって、財務もあってコンプライアンスもあるわけですね。そして内部の管理に関しては、「ここから先は表に出さなくていいですよ」というモノがある。それは学問分野で言えば管理会計に関わる分野でしたね。私は納得したわけです。「ああ、そうなのですか」と。

ところが日本の独立行政法人評価は、管理会計まで守備範囲に入れようとするので、みなさん苦労される。つまり、おっしゃるように、「全部見せないといけない」発想なのですね。でも、そうじゃないと思います。組織のなかはいろんなことがあるので内部だけで解決して良いものはわざわざ公開する必要が無い、もちろん記録は残して開示請求されたらそれは見せればいい。

全部見せる制度設計を考える必要があるのかなと当時から疑問に思っていたのですが、実はいま現在は独立行政法人も、それから国立研究開発法人も、「全部見せる」という方向に行ってしまっていますので、えらく厖大な作業が発生している。

中間管理職の方も現場の方々もそれで大変なのかなと思っていました。

それで、いままさに張替部長がおっしゃったような、「交通整理」ですね。またそれをトップダウンで「交通整理」するように組織のトップが管理するというような文化があればいいのかなと思うのですが。なかなか実は、そうじゃないのではないかという私の「仮説」みたいなものがありまして、トップに行けば行くほど、「まあ、適宜やってください」みたいになりまして、あるいは勘違いする。それで、中間管理職の方々は現場と接点がありますので、いろんな現場の困っていることや苦情とかがわかるのですが、それをなかなか上にあげようとされない。そうするとその部分でコンフリクト、あるいは動きが止まってしまうようなことが起きて、それがまた、別のことばでいうと、「評価疲れ」みたいな、「評価」にかまけて「本業」がぜんぜん進まないみたいな話になるのかなと。このように観察をしているのです。

そういう意味でいいますと、中間管理職の方が、個々の研究者のモチベーションをあげるような、そういう「評価」、あるいは「評価をなくす」でも「評価を進める」でもいいのですが、そういう方法というのは何かございますか。

◈ ベターがベストとは限らない

〔張替〕——基本的には、「評価の階層を変える」のだと思っています。まさしくおっしゃられたとおりで、「外に出すべきものは外に出す」。でも、「ここはまだ出さなくてもいいから、二〜三年やってから出てきなさい」とかですね。「これはもうずっとやっておいていいです」とかですね。そういう見極めをしてあげて、「階層付け」をするのだということだと思います。

先ほども申し上げたのですけれども、「一〇〇パーセント同じような評価をする」とかですね、「一〇〇パーセント外に出す」ということが、たぶん組織の外からは要求として来るのだと思うのですね。「見たい」とか、「これは出していないのはおかしい」とかというのは来ると思うのですけれども、そこはどこかで止めて欲しい。つくるべきものはつくらないといけないのだけれども、つくったものを全部出す必要はない。出さなくてもいいものというのもちゃんと持っておくべきだと私は思います。

先ほどおっしゃられた、会計の詳細なデータについても、独立行政法人、国立研究開発法人は「出す方向へ、出す方向へ」と向かっています。それは外から評価したい人にとっては、「きちんと評価するため」という義務感でやっていると想像するのですけれども、ベターというのはかならずしも、Cost/Efficientではない。これは、人間の能力、それから人間の活動時間というのは有限であるということと、それからコストも有限であるということを考えたときに、「ベターがベストとは限らない」ということを、やはりどこかできちんと述べる。それが正しい評価なのだといってもらえるような、そういうコンセンサスが得られるようなシステムができればいいなと私は思いますね。

Column 17　「イノベーション」と名の付く組織での評価

JAXAには宇宙探査イノベーションハブ（以下，探査ハブ）という組織があります．宇宙探査と地上事業の両方に役立つ技術（「探る」，「建てる」，「活動する」，「つくる」，「住む」）を，異分野の企業や大学の方々とを中心として，共同研究を行っています．JAXAでは主に宇宙開発で使用する技術の研究をしています．そしてその技術は，スピンオフというかたちで，後に地上で使われるものもあります．一方で，探査ハブでは，企業・大学の方々からの情報提供を踏まえ，宇宙と地上の両方で役立つ技術にフォーカスして研究に行っています．これまで，約150の機関と約100のテーマに取り組んできました．

探査ハブでは，研究を技術成熟度も踏まえ①課題解決型（資金額大），②アイデア型（資金額中），③チャレンジ型（資金額小）という3段階に分けています．研究の終了時点で成果報告会というかたちで評価を行いますが，段階毎に評価基準は異なります．課題解決型は，研究終了後，地上での事業化に目途が立っているかという点が評価では重視されます．一方，チャレンジ型は，新規性や今後の発展可能性という点が重視されています．

段階毎に基準を明確化し，メリハリをつけて評価を行うということを心掛けており，今のところ評価疲れという声は聞こえていませんが，単に耳に入っていないだけかもしれません．「イノベーション」と名を冠する組織として恥じないような，評価を行えるよう試行錯誤をしていきたいと考えています．

（渡辺　拓真）

❖研究開発評価の国際標準はありうるか？

〔山谷〕――そのシステムづくりになかなか苦労しておりまして、たぶん、ＪＡＸＡという組織には、評価のメニューが必要になるだろう、それをつくるべきだろうというのは、これからお付き合いを重ねていくうちにできてくるのではないかなと思っております。例えば国際協力機構、ＪＩＣＡですね。あそこはある程度システムができています。また、ＪＩＣＡの業務は開発援助ですので、国際的なスタンダードがあるのですね。「これくらいの評価をやっておけば大丈夫」という。これがまた、相当細かいですが。

それでお尋ねしますが、ＪＡＸＡに代表される宇宙政策のコミュニティでは、国際的なスタンダード、標準、「この程度やっておけば大丈夫」というのはございませんでしょうか。

〔張替〕――いわゆる「ものづくり」の部分で、これは「評価」ではないのですけれども、審査会といいますが、ピアレビューですけれども、ものづくりでこれくらいのレビューをしなければいけないというのがあります。つまり、設計のレビューであったりとか、試験結果のレビューであったりとか、そういったものに関しての国際的なスタンダードはあります。

これはなぜそういうことになるかというと、いまの衛星は非常に高価になってきていまして、一国では開発することができない。一つは欧州製、一つは米国製、一つは日本製といういくつかのコンポーネントが載って一つの衛星ができているという、そういうようなインターナショナルなグループでつくっていく場合が増えてきましたので、そうしたときにレビューのシステムが違っているとですね、うまくいかないということがあります。それから国際宇宙ステーションなんかでも、米国と日本のメカがくっつくということもありますので、相互のレビューシステムがあります。そういったものはスタンダードとして出ています。

ただ、最大公約数的なら良いのですが、国ごとに違うスタンダードは同時に満たしましょうとアドオンのようなかたちになってしまい、さほど効率的ではありません。国内ではもっと簡単にやっているのに、結局、人がたくさん集まるとレビューの数が増えていく、レビューの細かさが増えていく。国どうしでは、そういうスタンダードはお互いに譲れなくなってしまうという、そういうところがあります。必ずしも国際的なスタンダードは、Simple is the Best ということになっているかというと、そういうことにはなっていないというのが、技術の面ではあります。あと、研究評価というのはさすがに国際間ではあまりやらないことですね。

〔山谷〕――「あまりやらない」というのはやはり微妙な問題があるのでしょうか。

〔張替〕――そうですね。国際的なもので評価をやると、やはり「技術」なので、相手はコンペティター（競争相手）になるのですね。ですから、成果とか、原理原則といったものをオープンにしてしまうと相手に取られてしまうということがあるので、さすがに相手に研究の評価をしてもらうということはあまりないですね。科学的成果とかだったら割とあるのですけれども、テクノロジーのところはコンペティターなので、相手方とはやらないですね。

Column 18　世界の宇宙機関

アメリカ航空宇宙局（NASA）は日本で最も有名な宇宙機関です．1958年に設立され，世界初の有人月着陸を成功させました．約１万7000人職員を擁し，予算規模は２兆円を超えます．今や押しも押されもせぬNASAですが，設立当時は大変な危機感を抱いていました．なぜなら，ソビエト連邦が1957年に世界で初めて人工衛星の打ち上げに成功していたからです．ロシアでは2010年代のロシア製宇宙機の度重なる失敗の後に組織が改変され，政府の宇宙機関と国営宇宙企業を統合して2016年に発足したロスコスモス社（State Space Corporation ROSCOSMOS）が宇宙開発を担っています．世界の宇宙開発は，米国とロシアが二大巨頭と言えます．

それ以外では，世界で３番目に有人宇宙飛行を実現した中国の中国国家航天局（CNSA），独自の有人宇宙飛行を目指しているインドのインド宇宙研究機関（ISRO），宇宙ロボット技術で世界をけん引するカナダのカナダ宇宙庁（CSA），ブラジルのブラジル宇宙局（AEB）などがあります．

宇宙開発は安全保障にも関わるため自国単体で運営されることが多い中，ヨーロッパは各国の宇宙機関に加えて，欧州宇宙機関（ESA）という欧州共同の機関が存在します．ESAの加盟国はフランス，ドイツ，イタリア，イギリスなど20カ国を超え，一国では難しい大型ロケットの開発や大型プロジェクトを行います．

日本の宇宙機関であるJAXAの予算はNASAの10分１にも及びません．日本にとっても世界の宇宙機関と協力して効率よく宇宙開発を進めることは避けて通れません．

（柳瀬　恵一）

❖ NASAのファンディング機能

〔山谷〕――いまのお話で考えたいのは、JAXAの競争相手は国内にはいないと思うのですが、国際的には、「あそこには負けなくない」というのはございますか。

〔張替〕――ほとんど「敗戦」の状態なのですが、「あそこには負けたくない」というよりは、「あそこには追いつきたい」と。そういう状況ですね。われわれもどこかが間違っていたのだろうと思うのですけれども、国家としてやる国――中国とか、インドとか――、そういうところは非常に強い。これは何となくわかる気がするのですけれども、米国は国家としてやっているところだけでなく、民間もあれほど伸びています。宇宙開発に対する民間のベンチャーが入っていって、それがまた大きく育っているという、そういうシステムをわれわれがつくりあげられないというのは、どこかわれわれのシステムのなかに「欠点がある」ということなのだろうなと思います。

先ほど「ファンディングがNASAはできるのです」という話をしましたけれども、そういう余裕のところも、実は「スペースX」という会社は、ファンディングを受けて育ったのですね。最初の部分は。そういったところはNASAがやっているのですけれども。そこではワン・ノブ・ゼムですけれども、全部説明しなくても

スペースX　オンライン決済サービス「PayPal」の創業者イーロン・マスクが立ち上げた、民間の宇宙開発企業のこと。「Falcon9」および「Falcon Heavy」と呼ばれる大型打上げロケット、国際宇宙ステーションへの輸送機「Dragon」を運用し、有人輸送機「Crew Dragon」の開発に成功した。世界で最も成功している宇宙ベンチャーである。

いいというところが絶対にあるはずなのです。

そういう力がどこかわれわれのＪＡＸＡという組織、あるいは国かもしれませんけれども、そういう組織に欠けている部分があって、こんなに彼我の差がひらいているのかなと、ちょっと反省はあります。全部「評価」に押し付けてしまったらそれはダメなのですけれども、そういう一面もあるのかなと思います。

❖ 評価の何が問題か

〔山谷〕――言いにくいことを訊いてしまって申し訳ございません。実は、いきなり国際比較の話をしたのは「評価」に関して言いますと二〇〇一年に国際比較がございまして、この比較ランニングで日本はなんと二一カ国中最下位なのですね。日本よりも一つ上がジンバブエです。お隣の韓国はかなり上の方で、それが二〇一五年にやったら韓国はまだかなり上の方で、日本は相変わらずずっと下の方なのですね。やはり日本の社会で、「評価」というものが「まずい」というのはわれわれもわかっています。その「まずさ」というのは何かといいますと、国会議員が関心をもたない、あるいは実際に評価をやらない。それから、成果、アウトカムなのですが、これを言っているわりには日本の社会はそれをあまりちゃんとやっていないのですね。

しかも、最近日本では政策を議論し、政策効果の良し悪しを判断することはやっていません。目標を決めて何パーセント達成するみたいな話が流行しているのですが、あれは実は「評価」ではなくて、「ノルマ」なのですね。政策を語らずに「ノルマ」を設定されてしまうので、働く人たちがやる気を無くすみたいになっています。国際的に見ますと、日本の評価というのはかなりガラパゴス化しているように見えます。どうもそういう感じがする。それが案外JAXAにも悪い影響を及ぼしているのではないかなと。これは分析する必要があるのですが。

〔張替〕――「政策」というのはわりと短い文章で書かれていて、その行間に期待されているものがあると思うのです。それが評価者に正しく明確に評価されて、すべてのプロジェクトとか研究に、その期待されている像がうまく反映されていれば、きちんと成果が上に集まり機関として成果の最大化ができる。これがポイントが締まった良い評価であると思うのですけれども、逆にこれがあいまいだと「発散した評価」(ノルマに頼った評価)になってしまうと思います。

「評価」をする際にとても大切だなと思うのは、自分はどの立場で見ているのか、ということです。自分の立場をまず明らかにして、「こういうところの価値を重要視して見ているのだ」ということを宣言して評価をするべきなのではないかなと思っています。「私はAの立場で見ています」「私はBの立場で見ています」という、そういう相手に対して「どういうものを出してください」というのをあらかじめ宣言してあげるということが、お互いの議論がかみ合いやすい、かつ効率的で、良い

Column 19 「評価疲れ」

評価の素人がなる一種の「心のビョーキ」．さまざまな評価を，全部，詳細に実施するよう求められると，この「ビョーキ」が発症します．

初期症状は「こんな評価が何に役に立つのか」「この評価で課題が解決できるのか」「終わってしまった事業を評価して何の役に立つのか」からはじまります．

その後「こんな勘違い評価でアカウンタビリティになるのか」「重箱の隅をつついて何をしたいのか」「事業は成功しているのだから評価は不要だ」「興味本位で細かな指示を出すのはよして欲しい」と悪化していきます．

困るのは「評価をやっても予算は削られる」「やれと命じているのは評価ではなくて監査だろう」「どうせ誰もこの評価書を見ないだろう」と口外するときです．これは重篤化のサインです．さらに深刻なのは，「こんな細かい評価書を書かせられるのだったら補助金はいらない」「評判が良いのだから評価は不要だ」となった場合です．

評価疲れを解消する特効薬は２つです．評価が「褒める」メカニズムだということをきちんと理解すること，また評価の素人に評価を任せないことです．

理想としては，評価が良い人や組織を優遇する社会になることなのですが，財政改革や行政改革を続けすぎて財源や人員に余裕がありません．哀しいのは偽悪的な自己暴露の「自爆評価」，膨大な文字数・ページ数の評価報告書「紙爆弾」，綺麗事だけを書き込んだ「お経評価」です．日本の評価文化の行く末が憂慮されます．

（山谷 清志）

評価ができると思います。

〔山谷〕――そうです。研究をやっている人に財務会計の話をして間違ってしまうことがよくあるわけですよ。

〔張替〕――例えば「社会に貢献してほしい」というのがあったときに、研究者は「この技術が社会に役に立ちます」というようなことをいうのですけれども、ところが評価者によっては「じゃあ売り上げはいくらですか」ということを聞かれたりして、そのとき研究者が「うっ」と困ってしまうときがあるのですね。先ほど先生が言われた、目標を決めて何パーセント達成するみたいな枠組みで「売上」というと、「売り上げ目標に対して何パーセント」みたいな話になってしまって技術の評価をしているのかわからなくなる。アウトカムは産業を通して社会に出ていくということなので、ＪＡＸＡと評価者だけではクローズしない世界になっているのに、そういう視点を明らかにしないまま評価をしたりされるとすれ違ってしまいます。技術の評価をしているのか、わかりやすい結果の評価をしているのか。評価にわかりやすさを求めるということはままありますが、そういう視点だと手近かの技術に目が行ってしまい、大きなブレークスルーは生まれない。

〔山谷〕――それは多いです。おっしゃるとおりです。

〔張替〕――そういう評価のストラクチャーが難しいのです。自分のポジションをはっきりさせているというのは、評価者の見識、あるいは簡単に技術力や洞察力と言っても良いと思いますが、それを明らかにすることなので重要なのだろうと思います。

〈山谷〉――「丸い政策」というのは結局そういうことなのですね。

〈張替〉――誰からも責められないような、「ここで勝負しています」ということを言わないパターンですよね。評価する方も評価される方もです。

〈山谷〉――それも含めて考えますと、評価はアングロサクソンの伝統なので、日本はどうも違うかなという印象ですね。

〈張替〉――確かにアングロサクロンは、「誰が」「何をやる」というジョブ・ディスクリプションがはっきりしているので、「じゃあ、この人に対する評価は？」というのは見えると思うのですけれども、日本ではわりとあいまいになっています。しかも「和を以て貴しと為す」ということで、グループでいろいろとやっていくので、誰がどこに責任を負っているのかというのがちょっとあいまいなところがありますね。そういう意味では「評価」をアングロサクソンのやり方でそのまま直輸入してきたのでは難しいのかなと思ったりするところもあります。

〈山谷〉――ＯＤＡの世界では外務省やＪＩＣＡがやりあっているのは国際機関なので、アングロサクソンの土俵でやらないといけない。だから、ある程度アカウンタビリティを意識した評価を考えながらＯＤＡの業務を遂行する体制はできている。評価を通じてアカウンタビリティを確保する、これが機能しているわけです。ＪＩＣＡの外から見てもわかります。しかし張替部長がおっしゃるとおり、責任や権限があいまいなところで評価をするので、その他の日本社会では厳しいかなとは思います。評価が機能しないばかりか、逆に責任逃れに評価が使われる。残念な状況ですね。

さて、そろそろ時間が参りましたのでまとめに入りたいのですが、研究開発のマネジメントを行う上で、「評価」について、どんな点が課題としてあげられているか。これは部長としてお話を伺いたいのですが、いかがでしょうか。

〔張替〕――私は「評価」で研究者と直接向き合っているのですけれども、評価をやるうえで一番に思うのは、「自分の価値観」が若い人の芽をつぶすことがないかということと、「自分の決断でこのお金を動かしていいのか」「でも動かす」という、そういう恐れですよね。先ほど申し上げたと思うのですけれども、そこに対する責任の重さというのを、すごく強く感じますね。

いわゆるピア・レビュー（専門家同士の評価）ではなく、レイマン・レビューであったりとか、シビリアン・レビューであったりとか、そういう民主的な評価も入れたらどうですかというのもあるのですけれども、この責任感と重圧感というのは結構厳しいものがあって、本当に、市民の方にこういう評価をしていただけるのだろうかというとですね。やっていただけるのであればやっていただきたいのだけれども、というのが結構ありましてですね。

それなりに「評価」をして、お金を動かして、若い人をもつ責任感というのはつらいものがあるというのが、研究開発のマネジメントをしているうえで、それはマ

ピア・レビュー（peer review）　専門知識を持つ立場や職種が近いもの同士による評価や審査のこと。同等程度の知識を持つものが行うことにより、比較的短時間で問題点の検出が可能となることが期待される。学術論文の査読もピア・レビューの一種である。

ネジメントの問題ではなく、私の個人の感想なのですけれども、そういうところがあって、民主的な評価というのも、私も関心はあるのですけれども、「本当にそういうのって実現できるのかな」というところなんかはちょっと思ったりします。

〔山谷〕——往々にしてそれはよく聞く話でありまして、私も評価の現場に外部有識者として携わることが多いのですが、私自身の経験から言えば、現在のままでのレイマン・レビューは無責任にならざるを得ないですよね。評価者が無責任でいいのかなとは思うのですが。日本評価学会では倫理コードをつくって、ちゃんとした評価を考えていこうという運動がありますが、それは評価専門家としての評価者が、評価に負う専門家倫理なのでちょっと違う。なかなかこれは難しいなというように思っております。理想論として言えば、市民の代表に研究の専門家と評価専門家とのチームがアドバイスできる体制があればレイマン・レビューやシビリアン・コントロールが機能するはずなのです。

さて、会場からご質問があればお伺いしたいと思います。いかがでしょうか。

Column 20　科学技術基本法と科学技術基本計画

1995年に「科学技術基本法」が議員立法で成立するにあたっては，通商産業省（現経済産業省）出身で自民党の政治家であった尾身幸次氏の尽力が大きかったと言われています（尾身幸次『科学技術立国論』読売新聞社，1996年）．科学技術基本法では，科学技術振興施策を総合的，計画的に推進するため，政府が「科学技術基本計画」を策定することとされました．またその作成に当たっては「科学技術会議」（現「総合科学技術・イノベーション会議」）での議論を経ることとされました．

この「科学技術基本計画」は，10年先を見通した5年間の計画として5年ごとに策定されることになっています．第1期（1996～2001年度）では，5年間で総額17兆円という政府の投資目標額が明記されましたが，政府が閣議決定する計画に複数年度にわたる予算目標額が書き込まれたのは初めてだったと言われています．第2期（2002～2006年度）では，さらに1.4倍となる24兆円という投資目標が示されましたが，それと引き換えのようなかたちで2003年秋には国立大学の運営費交付金を毎年削減する方針が財務省から示されました（毎日新聞「幻の科学技術立国」取材班『誰が科学技術を殺すのか』毎日新聞出版，2019年）．その後，第3期（2007～2011年度），第4期（2012～2016年度），第5期（2016～2020年度）でも25～26兆円の目標額が継続しています．

日本政府の予算は，財務省に対して各省庁が予算獲得を争う構造になっています（キャンベル『自民党政権の予算編成』勁草書房，2014年）．科学技術政策もまた，その構造の制約下にあることを認識する必要があります．

（定松　淳）

❖評価のセクショナリズム

〔南島〕――新潟大学の南島和久と申します。今日のお話で一つ思いますのは、民主主義にしろ、評価にしろ、短い時間に要求をされているなかで、いままでとは違う「交通整理」をしなければなりませんので、やりにくいのかなと感じております。

ＮＡＳＡの方を見ますと、二〇一一年にOffice of Evaluationという評価部局を立ち上げられておりまして、そこのなかで評価がなされているということになっております。大きく二つの評価、「コストの評価」と「パフォーマンスの評価」を部局を構えてなされているということなのですが、「コストの評価」に関しては先ほどお話に出ましたファンディングの話ですとか、費用対効果の話をされるということになっております。また、「パフォーマンスの評価」に関しては、スケジュールのマネジメントを含めて評価をするということになっています。専門の部局が立ち上がって「交通整理」をやられているという仕組みを持たれているということです。こういう「交通整理」というのは必要なのではないかと思います。

先ほどの民主主義の評価の話も「交通整理」が必要なものの一つだと思うのです。ＮＡＳＡは、For Public、For Educator、For Student、For Mediaと、一般の人に語りかけることを組織のミッションとしてもっているのですが、評価そのもののミッションではありませんが、この「交通整理」というのはやっぱり必要なのではないかと思うのですね。そのようなことをＪＡＸＡでもご検討されたことがあるのか、あるいはこれからなのですよ、ということなのでしょうか。

せっかく「評価」の話をしておりますし、研究開発の推進とも関係しますので、お伺いできればと思います。

〔張替〕――ＮＡＳＡの話をお聞きして、「ああそうなのだな」と思いました。ＮＡＳＡはＮＡＳＡなりに悩んでいろいろと組織をつくってきているのだと思うのです。ＪＡＸＡも評価の大切さというのを考えて、そういう組織形態をつくっていかなければいけないないなと思います。

ＪＡＸＡにも「評価・監査部」という評価に携わる部隊はあるのですけれども、そこが「交通整理」をしてくれているかというと、まだそうではなくて、例えば広報に関しては「広報部で」といわれますし、エデュケーションについては「宇宙教育推進室で」といわれますし、「交通整理」ではなく、「連絡」をされているだけなのですね。そういう意味ではワンストップで、「こういう評価をするべきです」というう指針を示してくれるような、あるいはどこまで評価をすればいいかというレベルを示してくれるような、そういう組織形態になっていかなければいけないなと思っています。

いま、ＪＡＸＡのなかで、従来は技術系の人たちが中心の組織だったのですけれども、事務系の人たちの力を最大限に活かさなければいけないという動きが出ています。事務系の人たちが、単に技術系の人たちのお手伝いをするのではなくて、事務系の人たちのもっているベースとなる専門知識と、それから、経験のなかで培ってきたものを活かすことで、どうやれば技術系の人たちがうまく動けるのかということについて、積極的に自分から提案できるような組織に変えようというようなことが、立ち上がろうとしているところです。

技術系の人たちがやっているだけではできない発想というのも、事務系の人たちはできるのですよね。その力を使うというのが、われわれに課せられた重要なことだと思っています。いまご指摘いただいた組織に係ることも、一つのターゲットになるかなと思いました。

〔山谷〕――ありがとうございます。文系の事務の人がその発想を活かして、理系の研究者・技術者とコラボレーションして、科学技術の仕事を交通整理して社会に発信していく、これが大事だと言うことが今回確認できた点は大きな一歩だと思います。評価がそのコラボレーションの場で活躍できる可能性は高いです。もちろん、私たち文系の研究者もこの評価の「交通整理」を通じて貢献できると思います。

長年うまく対応できなかった難題、「科学技術政策や研究開発のアカウンタビリティ」にアプローチできる道筋が見えたようです。その意味で、張替部長からは、大変貴重なサジェスチョンを頂戴しました。心から感謝いたします。時間になりましたので、これで終わりにさせていただきます。
どうもありがとうございました。

本研究はＪＳＰＳ科研費 18K01409（科研基盤(C)「国立研究開発法人における組織マネジメントと評価のあり方に関する研究」）の助成を受けたものです。

Column 21　アカウンタビリティと評価

国際標準では，公的部門の評価の目的は2つだといわれています．第1に「ラーニング」です．第2に「アカウンタビリティ」です．

第1目的の「ラーニング」は，成果を最大化したり，効率性を高めたりすることを意味しています．評価の結果を活用するなど組織活動にフィードバックすることができれば，この目的は達成されます．

研究開発の現場において，組織外部からの意見に基づいて業務内容の改善をしなければならなくなるというのは，プロとして恥ずかしいことです．そうならないようにすべきであることはいうまでもありません．

他方，外部の有識者からの「評価」という名の「ご助言」をいただいた場合，それに対応したかのように「取り繕う」ことが行われがちです．プロとして恥ずかしくない仕事をしているが，有識者の顔も立てないといけないというなかで，いわば折衷的な対応が生まれたりするわけです．

もしもこれを「アカウンタビリティ」と理解するなら，それは誤解だといわなければなりません．この概念は，任務に忠実な人々が，その業務内容と真摯に向かい合うことを求めています．

第22期の国語審議会（省庁再編でなくなった最後の国語審議会）は「アカウンタビリティ」を「説明責任など」と訳すとし，「一般への定着が十分でなく，日本語に言い換えた方がわかりやすくなる語」だとしていました．そこから誤解も生じたのかもしれません．

アカウンタビリティは単なる「ご説明」ではありません．まして，「取り繕う」ことでもありません．それは，プロとして真面目に仕事をするなかで果たされるべき責任です．そして，評価もそのようにあるべきであるというのが，評価の第2目的の意味するところです．

（南島 和久）

〈執筆者紹介〉（執筆順，＊は編者）

柳瀬恵一（やながせ　けいいち）［コラム１・２・６・18］

東北大学大学院工学研究科博士前期課程修了，修士（工学）．現在，国立研究開発法人宇宙航空研究開発機構研究開発部門第二研究ユニット主任研究開発員．“Study on the Tuning Method of Shock Test Condition for Spacecraft Instruments”（共著，*Trans. JSASS Aerospace Tech. Japan,* 18(3), 2020),「保持力10kN 級低衝撃保持解放機構の軌道上実証」(共著，第63回宇宙科学技術連合講演会講演集，2N05，2019年）など．

定松　淳（さだまつ　あつし）［コラム３・16・20］

東京大学大学院人文社会系研究科博士課程単位取得退学，博士（社会学）．現在，東京大学教養学部特任准教授．『科学と社会はどのようにすれ違うのか――所沢ダイオキシン問題の科学社会学的分析――』（単著，勁草書房，2018年），『科学技術社会論の挑戦３――「つなぐ」「こえる」「動く」の方法論――』（共著，東京大学出版会，2020年刊行予定）など．

宮崎英治（みやざき　えいじ）［コラム４・10・15］

早稲田大学大学院理工学研究科資源及材料工学専攻修士課程修了，博士（工学）（“Influence of gravity on reaction propagation of combustion synthesis”（東京工業大学，2004））．現在，国立研究開発法人宇宙航空研究開発機構研究開発部門第一研究ユニット主任研究開発員．“Transmittance measurements and predictions of optics contaminated with space materials in the ultraviolet visible near-infrared range”（共著，*Journal of Astronomical Telescopes, Instruments, and Systems,* 6(1), SPIE（国際光工学会），2020）など．

橋本圭多（はしもと　けいた）［コラム５・８］

同志社大学大学院総合政策科学研究科総合政策科学専攻博士後期課程単位取得退学，博士（政策科学）．現在，神戸学院大学法学部准教授．『公共部門における評価と統制』（単著，晃洋書房，2017年），「日本の科学技術行政における評価の現状」(『評価クォータリー』48，2019年）など．

西山慶司（にしやま　けいじ）［コラム７］

法政大学大学院社会科学研究科政治学専攻修士課程修了，博士（政治学）．現在，山口大学経済学部准教授．『公共サービスの外部化と「独立行政法人」制度』（単著，晃洋書房，2019年），『公共部門の評価と管理』（共著，晃洋書房，2010年），『ローカル・ガバメントとローカル・ガバナンス』（共著，法政大学出版局，2008年）など．

山谷清秀（やまや　きよひで）［コラム９・14］

同志社大学大学院総合政策科学研究科総合政策科学専攻博士後期課程修了，博士（政策科学）．現在，青森中央学院大学経営法学部講師．『公共部門のガバナンスとオンブズマン』（単著，晃洋書房，2017年），「科学技術政策のコントロールを考える――地方自治体は科学技術政策の主役になりうるか――」(『浜松学院大学研究論集』16，2020年）など．

渡辺拓真（わたなべ　たくま）［コラム17］

立命館大学政策科学部政策科学科卒業，学士（政策科学）．現在，国立研究開発法人宇宙航空研究開発機構宇宙科学研究所／宇宙探査イノベーションハブ主任．

＊南島和久（なじま　かずひさ）［コラム21］

法政大学大学院社会科学研究科政治学専攻博士後期課程修了，博士（政治学）．現在，国立大学法人新潟大学法学部教授．『プログラム評価ハンドブック』（共著，晃洋書房，2020年刊行予定）『政策評価の行政学――制度運用の理論と分析――』（単著，晃洋書房，2020年），『公共政策学』（共著，ミネルヴァ書房，2018年），『ホーンブック基礎行政学（第三版）』（共著，北樹出版，2015年），『公共部門の評価と管理』（共著，晃洋書房，2010年），など．

〈対談者紹介〉

張替正敏（はりがえ　まさとし）

東京大学大学院工学系研究科航空学専攻博士課程単位取得退学，博士（工学）（「DGPS/INS 複合航法システムの理論精度解析とその飛行実証」（東京大学，1997））．現在，国立研究開発法人宇宙航空研究開発機構理事．『GPS ハンドブック』（共著，朝倉書店，2010），“Influence of Pre-twist Distribution at the Rotor Blade Tip on Performance during Hovering Flight”（共著，*Trans. Jpn. Soc. Aeronaut. Space Sci,* 58(1), 2015），「最適予見制御による乱気流中の航空機の揺れの制御」（共著，『日本航空宇宙学会論文集』58(677)，2010），“A breast of the Waves: Open-Sea Sensor to Measure Height and Direction”（共著，*GPS World,* 16(5), 2005）．

山谷清志（やまや　きよし）［コラム11・12・13・19］

中央大学大学院法学研究科博士後期課程単位取得退学，博士（政治学）．現在，同志社大学政策学部・大学院総合政策科学研究科教授．日本評価学会会長（2018-2020年）．『プログラム評価ハンドブック』（監修，晃洋書房，2020年刊行予定），『政策評価の実践とその課題――カウンタビリティのジレンマ――』（単著，萌書房，2015年），『政策評価』（単著，ミネルヴァ書房，2012年），『公共部門の評価と管理』（編著，晃洋書房，2010年），『政策評価の理論とその展開――政府のアカウンタビリティ――』（単著，晃洋書房，1997年）など．

JAXA の研究開発と評価
――研究開発のアカウンタビリティ――

2020年10月30日　初版第１刷発行　　＊定価はカバーに表示してあります

編　者　南　島　和　久©
発行者　萩　原　淳　平
印刷者　江　戸　孝　典

発行所　株式会社　晃　洋　書　房
〒615-0026　京都市右京区西院北矢掛町７番地
電話　075(312)0788番(代)
振替口座　01040-6-32280

装丁　㈱クオリアデザイン事務所　印刷・製本　共同印刷工業㈱

ISBN978-4-7710-3411-2